T0192093

Horst Stumpf

Handbuch der Reifentechnik

Springer-Verlag Wien GmbH

Prof. Dipl.-Ing. Dr. techn. Horst W. Stumpf
Technische Universität Wien, Österreich

© 1997 Springer-Verlag Wien
Ursprünglich erschienen bei Springer-Verlag/Wien 1997

Satz: Thomson Press, New Delhi, India

Graphisches Konzept: Ecke Bonk
Gedruckt auf säurefreiem, chlorfrei gebleichtem Papier – TCF

Mit 162 Abbildungen

Die Deutsche Bibliothek – CIP-Einheitsaufnahme
Stumpf, Horst:
Handbuch der Reifentechnik / Horst Stumpf. – Wien ; New York :
Springer, 1997
ISBN 978-3-211-82941-7   ISBN 978-3-7091-6519-5 (eBook)
DOI 10.1007/978-3-7091-6519-5

ISBN 978-3-211-82941-7

Vorwort

Das vorliegende Buch ist aus einer einsemestrigen Vorlesung über Reifentechnik, gehalten am Institut für Verbrennungskraftmaschinen und Kraftfahrzeugbau der Technischen Universität Wien, hervorgegangen.

Seit 29 Jahren bin ich in der Reifenindustrie tätig, zuerst die Berechnungsabteilung für die Reifenmechanik aufbauend, dann die Produktprüfung leitend, um schließlich für die Reifenentwicklung verantwortlich zu zeichnen. Ich hatte das große Glück, jede dieser Tätigkeiten so lange ausüben zu dürfen, bis mich meine eigenen Fehler einholen konnten. Dies ist deswegen so wichtig, da die Reifen-Produktlebensdauer 5–7–10 Jahre beträgt.

Die Theorien, Methoden und Prozesse der Reifentechnik sind eben jetzt wieder in rascher Entwicklung begriffen. Ich bin daher in diesem Buch vom didaktischen Aufbau, zuerst Theorie – Materialkunde, Chemie und Reifenmechanik –, dann Praxis – Mischungsherstellung, Reifenaufbau und Prüfung der Gebrauchseigenschaften, abgegangen. Der Aufbau dieses Buches erfolgt in Richtung des Materialflusses bei der Mischungs- und Reifenherstellung und endet mit der jeweils anschließenden Prüfung. Das Verständnis wird dadurch keineswegs erschwert, sondern im Gegenteil einfacher, und die Zusammenhänge werden vielfach durchsichtiger. Ich hoffe, dadurch auch der so oft anzutreffenden mißbräuchlichen Interpretation von Defekten durch Gutachter vorbeugen zu helfen.

Wie ein Blick auf das Inhaltsverzeichnis zeigt, konnte auf engem Raum ein verhältnismäßig umfangreicher Stoff untergebracht werden. Wo Lücken sind, sollen Literaturhinweise weiterhelfen. Bei der Auswahl von Beispielen habe ich getrachtet, nach Möglichkeit praktisch wichtige Fragestellungen zu behandeln und so nicht nur die Anwendung allgemeiner Theoreme vorzuführen, sondern darüber hinaus das Buch auch als Nachschlagewerk für den Reifensachverständigen brauchbar zu machen.

Die mathematischen Anforderungen, die an den Leser gestellt werden, sind vielleicht etwas höher, als dies sonst in Fachbüchern der Reifentechnik der Fall zu sein pflegt. Sie übersteigen aber nirgends den Umfang dessen, was in der Mittelschule an Mathematik geboten wird. Das leidige Schlagwort vom Gegensatz zwischen Theorie und Praxis hat heute, hoffentlich, wohl jede Berechtigung verloren.

Es bleibt mir noch die angenehme Pflicht, meinen früheren Mitarbeitern, in erster Linie den Herren Dipl.-Ing. Gernot Arendt und Dipl.-Ing. Dr. techn. Friedrich Lux für eine Reihe interessanter Gespräche zum Thema Reifentechnik zu danken. Herrn o. Univ.-Prof. Dr. sc. techn. Dipl.-Ing. Hans Peter Lenz, Vorstand des Instituts für Verbrennungskraftmaschinen und Kraftfahrzeugbau der Technischen Universität Wien, danke ich besonders für viele interessante Anregungen und dafür, die Vorlesung „Reifenkonstruktion und Reifenentwicklung" jährlich halten zu dürfen. Schließlich danke ich Frau Silvia Schilgerius, Planungsabteilung der Springer-Verlag KG in Wien, für ihr bereitwilliges Eingehen auf meine Wünsche und für die mustergültige Ausstattung des Buches.

Enzesfeld, im Juli 1997   *Horst W. Stumpf*

Inhaltsverzeichnis

0 Einleitung

Die Sicherheitsbedürfnisse und die Ölknappheit machen den Reifen zu einem der wichtigsten Konstruktionselemente am Kraftfahrzeug. Der Reifen wird daher wie nie zuvor in die Neukonstruktion von Fahrzeugen eingeplant. Man erwartet von ihm eine problemlose Übertragung aller Kräfte zwischen Fahrzeug und Straße in allen Umweltsituationen. Neben diesen der Sicherheit dienenden Eigenschaften muß der Reifen in Laufleistung, Laufkomfort und Strukturfestigkeit ebenfalls Spitzenwerte erbringen.

Im mechanischen Sinne stellt der Reifen ein anisotropes, inhomogenes, viskoelastisches Gebilde, „material with fading memory", dar. Neben den mechanischen Beanspruchungen sind daher gleichrangig oxydative Diffusionsvorgänge, chemische Beanspruchungen (an Mischungsgrenzen) und thermische Beanspruchungen zu beachten (Abb. 0.1). Daher ist die Berechnung des Reifens auch heute noch sehr unvollkommen entwickelt. Aufgrund dieser angeführten Fakten kommt der Reifenprüf- und Meßtechnik

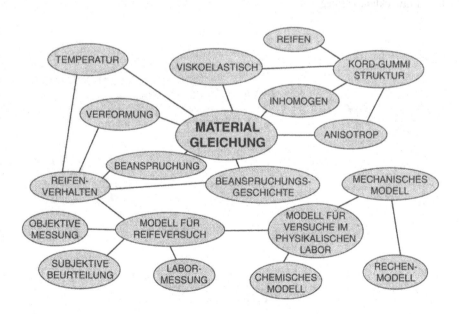

Abb. 0.1. Reifenmechanik

eine Schlüsselstellung zu: Die Entscheidung über die Gebrauchseigenschaften eines Reifens kann nur aufgrund von Prüfergebnissen vorgenommen werden.

Die automotive Entwicklung, insbesondere aber die Reifenentwicklung (Abb. 0.2), sind nicht nur durch lineare Weiterentwicklung, „Kaizen" genannt, gekennzeichnet, sondern auch durch sprunghafte Innovationsschübe. Die Innovationsschübe sind aber nicht vorhersagbar. Es kann daher im Rahmen dieses Buches nur angedeutet werden, auf welchem Sektor Weiterentwicklun-

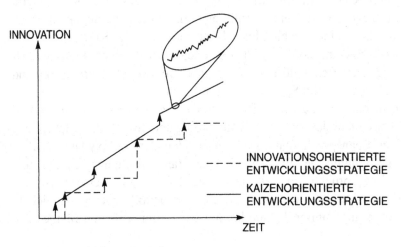

Abb. 0.2. Entwicklungsstrategie

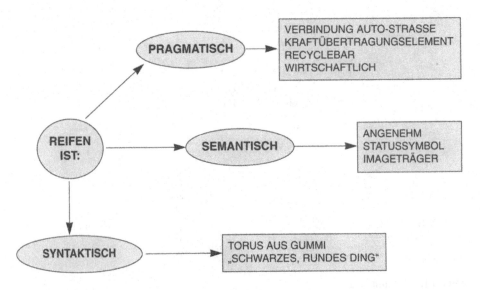

Abb. 0.3. Das Wort Reifen und seine Bedeutung

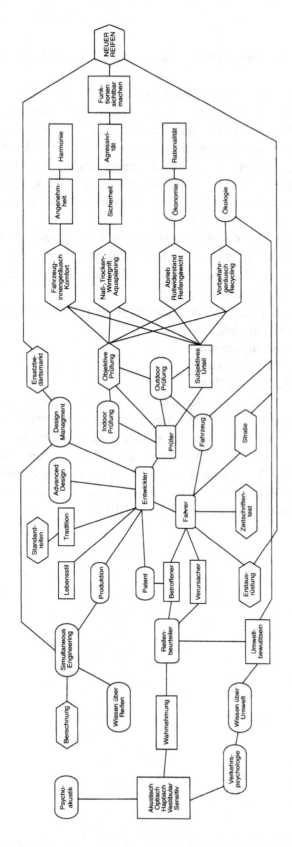

Abb. 0.4. Systemanalyse Reifenentwicklung

gen am Reifen stattfinden werden und wo Innovationen erwartet werden dürfen.

Was ist ein Reifen? Zunächst ein Wort. Worte sind Zeichen. Ein Zeichen ist etwas, was auf etwas Bezeichnetes verweist (Abb. 0.3). Die pragmatische Definition des Wortes Reifen verweist auf den Zeichenbenützer, die semantische auf das Gemeinte und die syntaktische auf andere Worte, andere Zeichen. Die Herausforderung an den Reifenentwickler der Zukunft liegt darin, der Bedeutung des Wortes Reifen im pragmatischen, semantischen und syntaktischen Sinne gerecht zu werden, also ganzheitlich zu denken und systemisch zu entwickeln (Abb. 0.4).

Seit 30 Jahren verfolgt der Autor die jeweils vorhergesagte Zukunft der Reifenentwicklung und daher weiß er auch, daß gerade auf diesem Gebiet Vorhersagen sehr unscharf ausfallen müssen. Aber immerhin gibt es so etwas wie eine präzise Ahnung des Entwicklers.

Die vorhersehbaren Einflußfaktoren auf die Reifenentwicklung lassen sich in drei Teile gliedern, nämlich
- Einflüsse durch Fahrzeughersteller,
- Einflüsse durch die Umwelt und
- Einflüsse durch Nachrüstkunden.

Das „Wiener Lastenheft für den Individualverkehr in Ballungsräumen", Lenz, Pucher, Kohoutek 1992, ist mit seinen kundenorientierten Fragestellungen, wie — „Was stört die Bevölkerung in Ballungsräumen am Straßenverkehr?"—, oder — „Wo liegt das Auto in der öffentlichen Diskussion heute?"— Vorbild für dieses Buch. Diese gesellschaftsorientierte, also ganzheitliche Betrachtungsweise sollte auch, oder gerade bei Veröffentlichungen von Technikern zur Pflicht werden.

1 Geschichte des Luftreifens

Bei der „Erfindung" des Rades in der griechischen Mythologie ging es recht menschlich zu. Es gilt bekanntlich Erichthonius, Sohn des Hephästos und der Erde, als Erfinder des vierrädrigen Wagens und damit auch des Rades. Indem Athene ihre Jungfräulichkeit gegen Hephästos verteidigte, geschah es, daß dieser die Erde befruchtete und dadurch dem Erichthonius das Leben gab. Athene nahm sich allerdings des Kindes an, welches halb Mensch halb Schlange war. Die Schlangenfüße hinderten ihn aber am schnellen Gehen. Um sich besser fortbewegen zu können, erfand Erichthonius den Wagen und das Rad. Dafür wurde er von Zeus als Fuhrmann unter die Sterne versetzt. Die Geburt des Knaben und seine Aufnahme durch Athene finden sich außerdem häufig auf attischen Denkmälern.

Etwa um 3000 v.Chr. entstanden in den großen Stromoasen von Mesopotamien an Euphrat und Tigris die ersten bäuerlichen Dorfkulturen durch die Sumerer. Das Rad leistete offensichtlich schon damals große Dienste bei der Bewältigung der täglichen Arbeit, denn es wurde erstmals urkundlich erwähnt, s.Tompkins 1990.

Mayas und Azteken zapften bereits etwa 500 v.Chr. Gummibäume an, um aus dem weißlichen Saft, der Latexmilch, Spielbälle herzustellen. Die Indios nannten den Gummibaum „caa-o-chu", das heißt weinender fließender Baum.

Im Dienste der Königin Isabella von Kastilien entdeckte Christoph Kolumbus auf seiner ersten Seereise nach Indien die Inseln vor der mittelamerikanischen Küste und sah 1495 auf Haiti Indos mit einem elastischen Ball spielen. Es dauerte jedoch bis 1745, ehe der französische Naturwissenschaftler De La Kondamine den Kautschuk entdeckte. 1770 fand der Engländer Priestley dessen Brauchbarkeit als Radiergummi heraus. Strumpfbänder und Hosenträger fertigte der Engländer Nadier seit 1820 aus in feinste Fäden zerschnittenem und verwebtem Rohkautschuk. 1824 gründete in Österreich Reithoffer die erste Gummiwarenfabrik des Kontinents, der späteren Semperit Reifen AG.

Als Nebenprodukt seiner chemischen Experimente entdeckte Goodyear 1839, daß mit Schwefel vermischter Kautschuk unter Druck und Wärmeeinwirkung – diesen Prozeß nennt man Vulkanisation – einen gummielastischen Stoff ergibt. Seit 1867 fahren Hochräder auf Vollgummirädern. 1888 erfindet der irische Tierarzt Dunlop den Fahrradluftreifen. Aber bereits 1845 hat

Thomson, ein englischer Zivilingenieur, einen Luftreifen patentieren lassen, der allerdings in Vergessenheit geriet (Abb. 1.1).

Abb. 1.1. Querschnitt eines Luftreifens nach Thomson, British Patent 10.990

Der erste Autoluftreifen, ein Schlauchreifen, wird 1894 durch Michelin gebaut. Als Standardreifen wurde dann für lange Zeit der Clincher- oder Hakenwulstreifen verbaut (Abb. 1.2). Bereits 1890 wurde von Welch der Drahtwulst erfunden, allerdings erst 1910 das erste Mal industriell gefertigt. 1914 folgte der industrielle Einsatz des heutigen Reifenkordes als Kettfaden und 1916 wurde Synthesekautschuk erstmals verwendet.

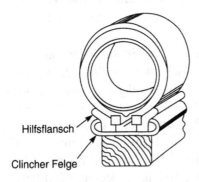

Hilfsflansch

Clincher Felge

Abb. 1.2. Scott's Reifen mit Drahtkern auf Clincher-Felge montiert

Bis kurz nach dem 2. Weltkrieg waren alle auf dem Markt befindlichen Reifen Diagonalreifen.

1948 begann Michelin mit der Produktion des Radialreifens, obwohl die ersten Patente bereits vor dem 2. Weltkrieg erteilt wurden. Dieser Reifen hatte schon damals im Laufflächenbereich einen Stahlgürtel, zunächst 3 Lagen im Dreiecksverband, später dann 2 Lagen (Abb. 1.3). Die Laufleistung dieses Radialreifens stieg auf das 3-fache des herkömmlichen Diagonalreifens, allerdings bei unakzeptablem Fahrkomfort, da die damaligen Fahrzeuge noch nicht auf den Gürtelreifen eingerichtet waren.

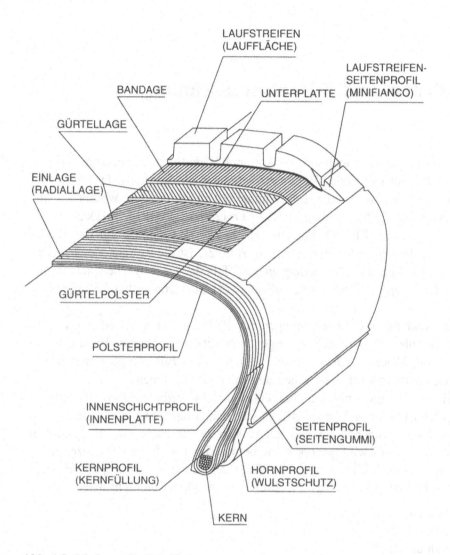

BANDAGE

GÜRTELLAGE

EINLAGE
(RADIALLAGE)

LAUFSTREIFEN
(LAUFFLÄCHE)

UNTERPLATTE

LAUFSTREIFEN-
SEITENPROFIL
(MINIFIANCO)

GÜRTELPOLSTER

POLSTERPROFIL

INNENSCHICHTPROFIL
(INNENPLATTE)

SEITENPROFIL
(SEITENGUMMI)

KERNPROFIL
(KERNFÜLLUNG)

HORNPROFIL
(WULSTSCHUTZ)

KERN

Abb. 1.3. Moderner Radialreifen

Einen brauchbaren Kompromiß stellte der 4-lagige Textilgürtelreifen dar, den Mitte der 60-iger Jahre alle großen Reifenproduzenten Europas (nicht USA) zu erzeugen begannen.

Mitte der 70-iger Jahre bauten alle großen Reifenfirmen einen 2-lagigen PKW-Stahlgürtelreifen mit textiler in Meridianrichtung verlaufender Karkasse.

Während beim LKW-Reifen 12 bis 14 Lagen üblich waren, brachte 1953 Michelin den ersten Vollstahlreifen heraus, mit einer stahlverstärkten Karkasse. Semperit folgte 1962, während die anderen Reifenhersteller ab 1970 in diese neue, sich immer mehr und mehr durchsetzende Technologie einstiegen.

2 Reifen- und Felgenkennzeichnung

Parallel mit der Entwicklung des Automobils und den immer komplizierter und vielfältiger werdenden Reifen erfolgte auch die Normung. Daher ist kein logisches in sich konsistentes Bezeichnugssystem zu erwarten. Wesentlich sind die jeweiligen Landesnormen (z.B. in Österreich ÖNORM, in Deutschland DIN...) und die E.T.R.T.O. Vorschriften. In Abb. 2.1 sind die für den Reifen relevanten Maßeinheiten dargestellt. In Abb. 2.2 ist die Reifenkennzeichnung nach ECE-Regelung 30 wiedergegeben. Tabelle 2.1 zeigt beispielhaft die E.T.R.T.O. Norm für '50', '45', '40' und '35' Querschnitte bei Millimeterreifen.

Hier sind nur die Bezeichnungen für PKW- und LKW-Reifen erläutert. Unerklärt bleiben die Bezeichnungen von veralteten Diagonalreifen, sowie Reifen für Mopeds, Kleinkrafträder, Motorräder, Erdbewegungsmaschinen, Grader, Landwirtschaftsmaschinen und Industriemaschinen.

Bei der Bestimmung der für ein Fahrzeug erforderlichen Reifenmindestgröße ist von den dem zulässigen Fahrzeuggesamtgewicht entsprechenden Achslasten auszugehen. Daraus ergibt sich die Radlast. Die Tragfähigkeit zweier Reifen in Zwillingsanordnung beträgt das 1,91-fache der Einzeltragfähigkeit. In Sonderfällen können die Tragfähigkeiten an Fahrzeugen mit einer durch ihre Bauart begrenzten Höchstgeschwindigkeit von nicht mehr als

60 km/h um 10 %,
50 km/h um 20 %,
30 km/h um 35 %,
25 km/h um 42 %,
20 km/h um 50 % und
8 km/h um 75 %

überschritten werden. Die praktisch am Fahrzeug zur Anwendung kommenden Luftdrücke sollten immer den Vereinbarungen zwischen Reifen- und Fahrzeughersteller entsprechen. Wenn vom Fahrzeughersteller vorgesehen, sind für höhere Geschwindigkeiten als 160 km/h eine Luftdruckerhöhung von je 0,1 bar pro 10 km/h-Stufe vorzunehmen und beim Einsatz von M+S-Reifen ist der Luftdruck um 0,2 bar zu erhöhen.

Zusätzlich zur Reifengrößenbezeichnung wird der Reifen durch die Betriebskennung, bestehend aus Tragfähigkeitskennzahl und Geschwindig-

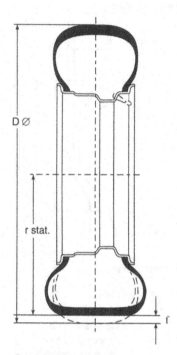

D = Außen-∅ des Reifens
r = Halbmesser, statisch
f = Einfederung unter Last

Abmessungen .... in Millimeter (mm);
Tragfähigkeiten .... in Kilogramm (kg), Gewicht
                            im Sinne einer Masse;
Luftdruck .... in bar, als Überdruck;
Geschwindigkeit .... in Kilometer pro Stunde (km/h).

Definitionen:

Neureifenmaße .... sind theoretische Werte für
                            die Konstruktion des Reifens;
Betriebsmaße .... sind die tatsächlichen Maße
                            des Reifens im Betrieb, inklusive Wachstum;
Außendurchmesser ist der größte Durchmesser
                            des gepumpten Reifens;
Breite .... ist die maximal zulässige Reifenbreite
                            auf der zugeordneten Felge;
Wirksamer Halb-
messer statisch .... ist der Abstand der Radmitte
                            von der Aufstandsfläche
                            unter Maximallast bei zuge-
                            hörigem Innendruck;
Abrollumfang .... ist die bei einer Umdrehung
                            des Rades zurückgelegte   **Abb. 2.1.** Maßeinheiten bei der
                            Wegstrecke.   Kennzeichnung der Reifen

Reifenkennzeichnung nach ECE[1])- Regelung 30

Für PKW-Reifen ist neben dem neuen System nach ECE-R 30 noch ein altes System in Gebrauch, insbesondere in Fahrzeugscheinen älterer Fahrzeuge.
Beide Systeme stimmen in folgendem überein:
Die **Reifenbreiten** werden immer in mm angegeben und die **Felgendurchmesser** in Zoll nachgestellt. Für neue Reifenreihen sind hiefür auch Millimeter zulässig.
Zwischen beiden Angaben steht ein Code für die Reifenbauart:
„R"   für Radialreifen
„–" oder „D" für Diagonalreifen[2])
Der Größe ggf. nachgestellt wird „TUBELESS" bei schlauchlosen Reifen und/oder „REINFORCED" bei verstärkten Reifen und/oder M&S bei Winterreifen.
Für alle produzierten PKW-Reifen ist die **Reifenkennzeichnung nach ECE-Regelung 30** bei Semperit vollständig eingeführt.

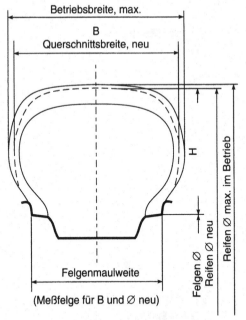

(Meßfelge für B und ∅ neu)

Reifenbreite H/B		Code für	Felgennenn-durchmesser	Betriebskennung Lastindex LI +
in mm	in %	Rfn-Bauart	in Zoll oder mm	Geschwindigkeitsindex SI
z.B. 195	/ 65	R	15	91H

Wichtigste Ausnahme:
Das H/B braucht auch nach ECE nicht ausgewiesen zu werden, wenn die Serie bei ECE-Einführung schon existierte, wie z.B. Serie 82.

Alle nach ECE-R 30 qualifizierten Reifen tragen in einem Kreis ein E und die Nr. des Genehmigungslandes sowie nachgestellt eine Genehmigungs-Nr.

---

[1]) ECE = Economic Commission for Europe (UNO-Institution in Genf)
[2]) Wenn kein Geschwindigkeitskennbuchstabe vorhanden

Abb. 2.2. Reifenkennzeichnung nach ECE-Regelung 30

keitskennbuchstaben, gekennzeichnet, Tabelle 2.2. Die Tragfähigkeitskennzahl LI „Load index" ist ein Nummerncode, der die Maximalbelastung angibt, die ein Reifen bei der durch das Geschwindigkeitssymbol gegebenen Höchstgeschwindigkeit unter festgelegten Betriebsbedingungen ausgesetzt werden kann. Der Geschwindigkeitskennbuchstabe SI „Speed index" gibt an, bis zu welcher Höchstgeschwindigkeit ein Reifen bei festgelegten Betriebsbedingungen, entsprechend der Belastung nach Tragfähigkeitskennzahl, gefahren werden kann. In Abb. 2.3 ist angegeben, was alles auf der Seitenwand eines PKW-Reifens zu stehen hat.

Tabelle 2.1. E.T.R.T.O.-Norm für PKW-Reifen
'50', '45', '40' and '35' series - millimetric designation

| Tyre size designation | Measuring | Tyre dimensions (mm) | | | | Load | Inflation |
| | rim | New | | Maximumm in service | | capacity | pressure |
Load index	width code (1)	Section Width	Overall Diameter	Overall Width	Overall Diameter	(kg)	(bar)
			'50 Series'				
175/50 R 13 72	5	177	506	184	513	355	2.5
185/50 R 14 77	5	184	542	191	549	412	
195/50 R 13 78	5½	196	526	204	534	425	
R 15 81			577		585	462	
R 16 83			602		610	487	
205/50 R 13 81	5½	203	536	211	544	462	
R 15 85			587		595	515	
R 16 86			612		620	530	
215/50 R 15 88	6	216	597	225	606	560	
R 17 90			648		656	600	
225/50 R 15 90	6	223	607	232	616	600	
R 16 92			632		641	630	
255/50 R 16 99	7	255	662	265	672	775	
265/50 R 16 101	7.5	267	672	278	683	825	
285/50 R 15 104	8	286	667	297	678	900	
			'45' Series				
205/45 R 16 83	7	206	590	214	598	487	2.5
215/45 R 17 87	7	213	626	222	634	545	
225/45 R 16 89	7½	225	608	234	616	580	
235/45 R 15 88	8	236	593	245	601	560	2.4
R 17 93			644		652	650	
245/45 R 16 94	8	243	626	253	634	670	
255/45 R 15 93	8½	255	611	265	621	650	2.5
R 17 97			662		672	730	
275/45 R 13 94	9	273	578	284	588	670	2.4
			'40' Series				
205/40 R 13 69	7	206	494	214	500	325	2.4
235/40 R 17 90	8	236	620	245	628	600	2.5
245/40 R 17 17	8	243	628	255	636	615	
255/40 R 17 94	8½	255	636	265	644	670	
265/40 R 17 90	9	266	644	279	653	710	
285/40 R 15 92	9½	285	609	296	618	630	
295/40 R 17 102	10	296	668	308	678	850	
			'35' Series				
345/35 R 15 95	11½	345	623	359	633	699	2.4

Suitable rims must be used – consult the tyre and rim manufactures.

Tabelle 2.2. Speed- und Load-Index

Speed-Indices (SI)*

E	F	G	J	K	L	M	N	P	Q	R	S	
70	80	90	100	110	120	130	140	150	160	170	180	km/h

Load-Indices (LI)

LI	kg	LI	kg	LI	kg	LI	kg
90	600	110	1060	130	1900	150	3350
91	615	111	1090	131	1950	151	3450
92	630	112	1120	132	2000	152	3550
93	650	113	1150	133	2060	153	3650
94	670	114	1180	134	2120	154	3750
95	690	115	1215	135	2180	155	3875
96	710	116	1250	136	2240	156	4000
97	730	117	1285	137	2300	157	4125
98	750	118	1320	138	2360	158	4250
99	775	119	1360	139	2430	159	4375
100	800	120	1400	140	2500	160	4500
101	825	121	1450	141	2575	161	4625
102	850	122	1500	142	2650	162	4750
103	875	123	1550	143	2725	163	4875
104	900	124	1600	144	2800	164	5000
105	925	125	1650	145	2900	165	5150
106	950	126	1700	146	3000	166	5300
107	975	127	1750	147	3075	167	5450
108	1000	128	1800	148	3150	168	5600
109	1030	129	1850	149	3250	169	5800

* Speed-Index im Kreis bedeutet: Zusatzkennung (Single-point).

Die Reifen müssen mit Laufflächenindikatoren versehen sein (Abb. 2.4). Unabhängig von jeweils nationalen, gesetzlichen Bestimmungen (in Österreich und Deutschland 1,6mm) sollte spätestens, wenn der Indikator zum Tragen kommt, der Reifen aus Gründen der Verkehrssicherheit gewechselt werden.

Bei etwa gleichem Außendurchmesser und variiertem Höhen-/Breiten-Verhältnis könnte, wenn der Geschwindigkeitskennbuchstabe der bauartbedingten Höchstgeschwindigkeit des Reifens entspricht, das Fahrzeug, wie in Tabelle 2.3 angegeben, mit unterschiedlichsten Reifen ausgerüstet werden.

Wie beim PKW-Reifen werden auch Reifen von Nutzfahrzeugen wie Leichtlastkraftwagen und Lastkraftwagen, Kleinomnibusse und Omnibusse, Anhänger und MPT-Mehrzweckfahrzeuge, mit Tragfähigkeits- und Geschwindigkeitsmarkierungen versehen, die internationalen Empfehlungen für deren Beanspruchbarkeit entsprechen (Abb. 2.5). LKW-Reifen können neben

Was steht alles auf der Seitenwand eines Reifens?

SEMPERIT

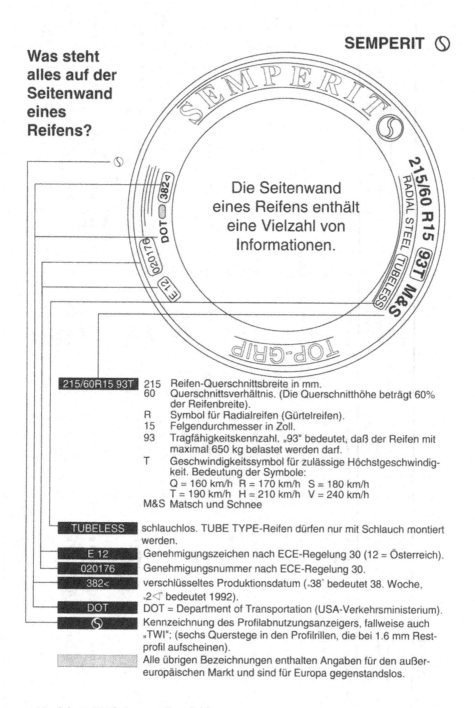

Die Seitenwand eines Reifens enthält eine Vielzahl von Informationen.

215/60R15 93T	215	Reifen-Querschnittsbreite in mm.
	60	Querschnittsverhältnis. (Die Querschnitthöhe beträgt 60% der Reifenbreite).
	R	Symbol für Radialreifen (Gürtelreifen).
	15	Felgendurchmesser in Zoll.
	93	Tragfähigkeitskennzahl. „93" bedeutet, daß der Reifen mit maximal 650 kg belastet werden darf.
	T	Geschwindigkeitssymbol für zulässige Höchstgeschwindigkeit. Bedeutung der Symbole: Q = 160 km/h R = 170 km/h S = 180 km/h T = 190 km/h H = 210 km/h V = 240 km/h
	M&S	Matsch und Schnee
TUBELESS		schlauchlos. TUBE TYPE-Reifen dürfen nur mit Schlauch montiert werden.
E 12		Genehmigungszeichen nach ECE-Regelung 30 (12 = Österreich).
020176		Genehmigungsnummer nach ECE-Regelung 30.
382<		verschlüsseltes Produktionsdatum („38" bedeutet 38. Woche, „2< bedeutet 1992).
DOT		DOT = Department of Transportation (USA-Verkehrsministerium).
◎		Kennzeichnung des Profilabnutzungsanzeigers, fallweise auch „TWI"; (sechs Querstege in den Profilrillen, die bei 1.6 mm Restprofil aufscheinen).
		Alle übrigen Bezeichnungen enthalten Angaben für den außereuropäischen Markt und sind für Europa gegenstandslos.

Abb. 2.3. PKW-Seitenwandbeschriftung

Tabelle 2.3. Dimensionsvergleich

Serie 82		Serie 70		Serie 65		Serie 60		Serie 55		Serie 50		Serie 45	
Reifengröße/ Abrollumfang[1]	Felgen[2]	Reifengröße/ Abrollumfang[1]	Felgen[2]	Reifengröße/ Abrollumfang[1]	Felgen[2]	Reifengröße/ Abrollumfang[1]	Felgen[2]	Reifengröße/ Abrollumfang[1]	Felgen[2]	Reifengröße/ Abrollumfang[1]	Felgen[2]	Reifengröße/ Abrollumfang[1]	Felgen[2]
145 R 12 1655	$3\frac{1}{2},4,4\frac{1}{2},5$	145/70R 13 1630	$4,4\frac{1}{2},5$	165/65 R 13 1660	$4\frac{1}{2},5,5\frac{1}{2},6$	•175/60 R 13 1645	$5,5\frac{1}{2},6$	•195/55 R 13 1660	$5\frac{1}{2},6,6\frac{1}{2},7$				
155R 12 1680	$4,4\frac{1}{2},5$	155/70 R 13 1670	$4\frac{1}{2},5,5\frac{1}{2}$	165/65 R 13 1660	$4\frac{1}{2},5,5\frac{1}{2},6$	185/60 R 13 1685	$5,5\frac{1}{2},6,6\frac{1}{2}$	•195/55 R 13 1660	$5\frac{1}{2},6,6\frac{1}{2},7$				
135R13 1670	$3\frac{1}{2},4,4\frac{1}{2}$	155/70 R13 1670	$4\frac{1}{2},5,5\frac{1}{2}$	165/65 R 13 1660	$4\frac{1}{2},5,5\frac{1}{2},6$	185/60 R 13 1685	$5,5\frac{1}{2},6,6\frac{1}{2}$	•195/55R 13 1660	$5\frac{1}{2},6,6\frac{1}{2},7$				
						•165/60 R 14 1690	$4\frac{1}{2},5,5\frac{1}{2},6$						
145R 13 1725	$3\frac{1}{2},4,4\frac{1}{2},5$	165/70R 13 1715	$4\frac{1}{2},5,5\frac{1}{2},6$	•175/65 R 13 1700	$5,5\frac{1}{2},6$	185/60 R 13 1685	$5,5\frac{1}{2},6,6\frac{1}{2}$	•195/55 R 14 1740	$5\frac{1}{2},6,6\frac{1}{2},7$				
				165/65 R 14 1740	$4\frac{1}{2},5,5\frac{1}{2},6$	•175/60 R 14 1690	$5,5\frac{1}{2},6$						
155 R 13 1765	$4,4\frac{1}{2},5,5\frac{1}{2}$	175/70 R 13 1755	$5,5\frac{1}{2},6$	175/65 R 14 1780	$5,5\frac{1}{2},6$	205/60 R 13 1755	$5\frac{1}{2},6,6\frac{1}{2},7$ $7\frac{1}{2}$	•205/55 R 14 1775	$5\frac{1}{2},6,6\frac{1}{2},7$ $7\frac{1}{2}$	195/50 R 15 1760	$5\frac{1}{2},6,6\frac{1}{2},7$		
		165/70 R 14 1795	$4\frac{1}{2},5,5\frac{1}{2},6$			185/60 R 14 1765	$5,5\frac{1}{2},6\frac{1}{2}$	185/55 R 15 1785	$5,5\frac{1}{2},6,6\frac{1}{2}$				
165 R 13 1820	$4,4\frac{1}{2},5,5\frac{1}{2}$	185/70 R 13 1800	$5,5\frac{1}{2},6,6\frac{1}{2}$	185/65 R 14 1820	$5,5\frac{1}{2},6,6\frac{1}{2}$	195/60R 14 1800	$5\frac{1}{2},6,6\frac{1}{2},7$	195/55 R 15 1815	$5\frac{1}{2},6,6\frac{1}{2},7$	205/50 R 15 1790	$5\frac{1}{2},6,6\frac{1}{2},7$ $7\frac{1}{2}$.	•235/45 R 15 1810	$8,8\frac{1}{2},9,9\frac{1}{2}$
•175 R 13 1855	$4\frac{1}{2},5,5\frac{1}{2},6$	•195/70 R 13 1855	$5\frac{1}{2},6,6\frac{1}{2},7$	195/65 R14 1860	$5\frac{1}{2},6,6\frac{1}{2},7$	•205/60 R 14 1835	$5\frac{1}{2},6,6\frac{1}{2},7$. $7\frac{1}{2}$	•205/55 R 15 1850	$5\frac{1}{2},6,6\frac{1}{2},7$, $7\frac{1}{2}$	•225/50 R 15 1850	$6,6\frac{1}{2},7,7\frac{1}{2}$ 8	•225/45 R 16 1855	$7\frac{1}{2},8,8\frac{1}{2},9$
										•205/50 R 16 1865	$5\frac{1}{2},6,6\frac{1}{2},7$. $7\frac{1}{2}$		
•185 R 13 1905	$4\frac{1}{2},5,5\frac{1}{2},6$	•205/70 R 13 1905	$5\frac{1}{2},6,6\frac{1}{2},7$. $7\frac{1}{2}$	185/65 R 15 1895	$5,5\frac{1}{2},6,6\frac{1}{2}$	205/60 R 15 1910	$5\frac{1}{2},6,6\frac{1}{2},7$, $7\frac{1}{2}$	•215/55 R 15 1880	$6,6\frac{1}{2},7,7\frac{1}{2}$	225/50 R 16 1930	$6,6\frac{1}{2},7,7\frac{1}{2}$. 8	245/45R 16 1910	$8,8\frac{1}{2},9,9\frac{1}{2}$
•145 R 14 1800	$3\frac{1}{2},4,4\frac{1}{2,5}$	165/70 R 14 1795	$4\frac{1}{2},5,5\frac{1}{2},6$	185/65 R 14 1820	$5,5\frac{1}{2},6,6\frac{1}{2}$	195/60 R 14 1800	$5\frac{1}{2},6,6\frac{1}{2}$, 7	•205/5 R14 1775	$5\frac{1}{2},6,6\frac{1}{2},7$, $7\frac{1}{2}$	205/50 R 15 1790	$5\frac{1}{2},6,6\frac{1}{2},7$. $7\frac{1}{2}$	•235/45 R 15 1810	$8,8\frac{1}{2},9,9\frac{1}{2}$
								195/55 R 15 1815	$5\frac{1}{2}$, 6, $6\frac{1}{2}$, 7			•205/45 R 16 1800	$7,7\frac{1}{2},8$

Reifen	Abrollumfang[1]	Normfelgen[2]
•155 R 14	1840	4, 4½, 5
165 R 14	1895	4, 4½, 5, 5½
175 R 14	1935	4½, 5, 5½, 6
185 R 14	1985	4½, 5, 5½, 6
•145 R 15	1880	3½, 4, 4½, 5
•155 R 15	1920	4, 4½, 5
165 R 15	1970	4, 4½, 5, 5½
•175 R 15	2015	4½, 5, 5½, 6
•185 R 15	2055	4½, 5, 5½, 6
195 R 15	2105	5, 5½, 6, 6½
175/70 R 14	1835	5, 5½, 6
185/70 R 14	1880	5, 5½, 6, 6½
195/70 R 14	1920	5½, 6, 6½, 7
205/70 R 14	1965	5½, 6, 6½, 7, 7½
•175/70 R 15	1930	5, 5½, 6
•185/70 R 15	1975	5, 5½, 6, 6½
195/70R 15	2000	5½, 6, 6½, 7, 7½
205/70 R 15	2040	5½, 6, 6½, 7, 7½
•215/70 R 15	2080	6, 6½, 7, 7½
195/65 R 14	1860	5½, 6, 6½, 7
185/65 R 15	1895	5, 5½, 6, 6½
195/65 R 15	1935	5½, 6, 6½, 7
205/65 R 15	1975	5½, 6, 6½, 7, 7½
•185/65 R 15	1895	5, 5½, 6, 6½
195/65 R 15	1935	5½, 6, 6½, 7
205/65 R 15	1975	5½, 6, 6½, 7, 7½
•215/65 R 15	2015	6, 6½, 7, 7½
•225/65 R 15	2050	6, 6½, 7, 7½, 8
•205/60 R 14	1835	5½, 6, 6½, 7, 7½
195/60 R 15	1875	5½, 6, 6½, 7
205/60 R 15	1910	5½, 6, 6½, 7, 7½
215/60R 15	1950	6, 6½, 7, 7½
195/60 R 15	1875	5½, 6, 6½, 7
205/60 R 15	1910	5½, 6, 6½, 7, 7½
215/60 R 15	1950	6, 6½, 7, 7½
225/60 R 15	1985	6, 6½, 7, 7½, 8
•235/60 R 15	2020	6½, 7, 7½, 8, 8½
205/55 R 15	1850	5½, 6, 6½, 7, 7½
•215/55 R 15	1880	6, 6½, 7, 7½
205/55 R 16	1930	5½, 6, 6½, 7, 7½
•215/55 R 16	1960	6, 6½, 7, 7½
•215/55 R 15	1880	6, 6½, 7, 7½
205/55 R 16	1930	5½, 6, 6½, 7, 7½
•215/55 R 16	1960	6, 6½, 7, 7½
•225/55 R 16	1995	6, 6½, 7, 7½, 8
•225/50 R 15	1850	6, 6½, 7, 7½, 8
•205/50 R 16	1865	5½, 6, 6½, 7½
225/50 R 16	1930	6, 6½, 7, 7½, 8
•215/50 R 17	1975	6, 6½, 7, 7½
•205/50 R 16	1865	5½, 6, 6½, 7½
225/50 R 16	1930	6, 6½, 7, 7½, 8
•215/50 R 17	1975	6, 6½, 7, 7½
•225/45 R 16	1855	7½, 8, 8½, 9
245/45 R 16	1910	8, 8½, 9, 9½
245/45 R 16	1910	8, 8½, 9, 9½
•235/45 R 17	1965	8, 8½, 9, 9½
•225/45 R 16	1855	7½, 8, 8½, 9
245/45 R 16	1910	8, 8½, 9, 9½
•235/45 R 17	1965	8, 8½, 9, 9½

[1] Abrollumfang in mm.
[2] Normfelgen.

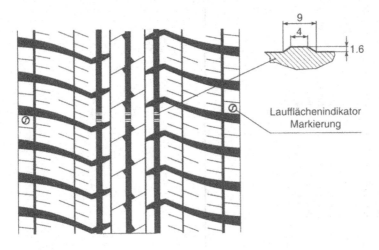

Abb. 2.4. Laufflächenindikator

ihrer normbezogenen Betriebskennung eine innerhalb eines Kreises angeordnete Zusatzkennung tragen. Diese gilt nur für die so gekennzeichnete
Einsatzbedingung; Tragfähigkeitszuschläge, wie bei der normalen Betriebskennung möglich, können von der Zusatzkennung nicht abgeleitet werden. Bei
vergleichbarer Tragfähigkeit, aber unterschiedlichen Außendurchmessern
könnten nach E.T.R.T.O folgende LKW-Reifen auf einem Zug montiert sein:

$$12.00R20 - 154/149J$$
$$13R22, 5 - 154/149L$$
$$315/75R22, 5 - 154/149J$$
$$315/80R24, 5 - 154/149J$$
$$\text{Zusatzkennung}: \frac{149}{145}M$$

Beispielhaft ist in Tabelle 2.4 angegeben, auf welchen Felgen ein genormter
Reifen montiert werden darf. Die Felgen, auf denen die Reifen montiert
werden, unterscheiden sich durch die Ausbildung von Felgenboden, Sitzfläche
und Felgenhorn. Während bei Tiefbettfelgen (Abb. 2.6), mit Ausnahme von
Motorradfelgen, heute fast nur noch solche mit schräger Felgenschulter
Verwendung finden, werden bei Flachbettfelgen (Abb. 2.7) noch solche mit
gerader Schulter eingesetzt, z.B. für Industriekarren. Die Schulterschrägung
hat den Vorteil eines deutlich festeren Reifensitzes. Bei Tiefbettfelgen ist eine
Reifenmontage auch bei ungeteilten Felgen möglich; bei Flachbettfelgen
hingegen ist eine Montage nur bei mehrteiligen möglich. Darüber hinaus gibt
es eine Reihe unterschiedlicher Hornausführungen.

Bei „Tubeless" Reifen ist es erforderlich ein Abspringen des Reifens bei
niederem Luftdruck zu verhindern. Dies wird durch den Hump erreicht,
welcher auf der Felge einseitig oder beiderseitig vorhanden sein kann (Abb.

Tabelle 2.4. Reifen-Felgen Zuordnung nach E.T.R.T.O

Rims for '50', '45', '40' and '35' series-millimetric designation

Tyre size designation	Recommended rims	Permitted rims[1]
	'50' Series	
175/50 R 13	$5\frac{1}{2}$J, 6J	5J
185/50 R 14	$5\frac{1}{2}$J, 6J	5J, $6\frac{1}{2}$J
195/50 R 13, 15, 16	6J, $6\frac{1}{2}$J	$5\frac{1}{2}$J, 7J
205/50 R 13, 15, 16	6J, $6\frac{1}{2}$J	$5\frac{1}{2}$J, 7J, $7\frac{1}{2}$J
215/50 R 15, 17	$6\frac{1}{2}$J, 7J	6J, $7\frac{1}{2}$J
225/50 R 15, 16	$6\frac{1}{2}$J, 7J	6J, $7\frac{1}{2}$J, 8J
255/50 R 16	$7\frac{1}{2}$J, 8J	7J, $8\frac{1}{2}$J, 9J
265/50 R 16	8J, $8\frac{1}{2}$J	$7\frac{1}{2}$J, 9J, $9\frac{1}{2}$J
285/50 R 15	$8\frac{1}{2}$J, 9J	8J, $9\frac{1}{2}$J, 10J
	'45' Series	
205/45 R 16	$7\frac{1}{2}$J, 8J	7J
215/45 R 17	$7\frac{1}{2}$J, 8J	7J, $8\frac{1}{2}$J
225/45 R 16	8J, $8\frac{1}{2}$J	$7\frac{1}{2}$J, 9J
235/45 R 15, 17	$8\frac{1}{2}$J, 9J	8J, $9\frac{1}{2}$J
245/45 R 16	$8\frac{1}{2}$J, 9J	8J, $9\frac{1}{2}$J
255/45 R 15, 17	9J, $9\frac{1}{2}$J	$8\frac{1}{2}$J, 10J
275/45 R 13	$9\frac{1}{2}$J, 10J	9J, $10\frac{1}{2}$J
	'40' Series	
205/50 R 13	$7\frac{1}{2}$J, 8J	7J
235/40 R 17	$8\frac{1}{2}$J, 9J	8J, $9\frac{1}{2}$J
245/40 R 17	$8\frac{1}{2}$J, 9J	8J, $9\frac{1}{2}$J
255/40 R 17	9J, 9.5J	$8\frac{1}{2}$J, 10J
265/40 R 17	$9\frac{1}{2}$J, 10J	9J, $10\frac{1}{2}$J
285/40 R 15	10J, $10\frac{1}{2}$J	$9\frac{1}{2}$J, 11J
295/40 R 17	$10\frac{1}{2}$J, 11J	10J, $11\frac{1}{2}$J
	'35' Series	
345/35 R 15	12J, $12\frac{1}{2}$J	11J, $11\frac{1}{2}$J, 13J, $13\frac{1}{2}$J

[1] Where J flange is specified, JK may also be used.
Consult the tyre manufacturer with regard to:
(i) Wider rims for tyres marked VR or ZR, or with Speed Symbol V.
(ii) The use of B flange rims with
(a) tyres which are speed marked higher than T
(b) tyres for which B flange rims are not specified above.
Consult the tyre and rim/wheel manufacturers for confirmation of the suitability of the tyre/wheel assembly for the intended service.

Reifengröße und Bauart   Nenn-Betriebskennung   Zusatz-Kennung

12 R 22.5 149/145 L

Beispiel

Erläuterung: der so gekennzeichnete Reifen 12 R 22.5 kann bei
Geschwindigkeiten bis 120km/h (SI "L") entsprechend LI 149/145, bei
Geschwindigkeiten bis 130km/h (SI "M") entsprechend LI 146/143 ausgelastet werden.

Reifengröße und Bauart	Reifenbreiten-Bezeichnung
	Kennbuchstabe für die Reifenbauart
	Felgendurchmesser-Bezeichnung
Nenn-Betriebskennung	Tragfähigkeits-Kennzahl für Einzelanordnung (LI)
	Tragfähigkeits-Kennzahl für Zwillingsanordnung (LI)
	Speed-Index (SI)
Zusatz-Kennung	Tragfähigkeits-Kennzahl für Einzelanordnung (LI)
	Tragfähigkeits-Kennzahl für Zwillingsanordnung (LI)
	Speed-Index (SI)

Abb. 2.5. LKW-Reifenkennzeichnung

2.8). Heute werden praktisch nur Felgen mit beidseitig angeordnetem Hump verwendet. Die Felgenbezeichnung lautet dann z.B. für die Reifengröße 155R13 (Abb. 2.9):

$$41/2J * 13 H2.$$

Die Felgenbezeichnung erfolgt i.a. in Zoll. Die erste Zahl ist die Maulweite, die zweite der Sitzdurchmesser. H2 bedeutet, daß der Hump beidseitig angebracht ist. Für PKW-Reifen sind neben den Felgenausführungen J auch noch die Ausführungen J-K, J-J und als Auslaufgröße K zulässig.

LKW-Felgen der alten Schrägschulter Baureihe werden mehrteilig ausgeführt (Abb. 2.10). Diese Felge ist eine Flachbettfelge. Die Reifensitzfläche ist ein Kegel mit einem halben Öffnungswinkel von 5°. Felgen für Steilschulterreifen sind einteilig ausgeführte Tiefbettfelgen, deren Reifensitzfläche einen halben Öffnungswinkel von 15° aufweist, mit einem niederen Felgenhorn (Abb. 2.11).

Der Vorteil des von Michelin erfundenen Steilschulterkonzeptes liegt vor allem darin, daß der Reifen billiger und leichter ist, weil bei gleichem Außendurchmesser und vergleichbarer Breite der Innendurchmesser größer und damit der Materialaufwand kleiner geworden ist. Die Felge ist ebenfalls billiger und leichter, weil dieses Konzept eine einteilige Felge erlaubt, Tabelle 2.5.

Je Rad können beim Steilschulterreifen 36,5 kg eingespart werden. Bei einem LKW mit 7-facher Bereifung (incl. Reserverad) bedeutet dies eine

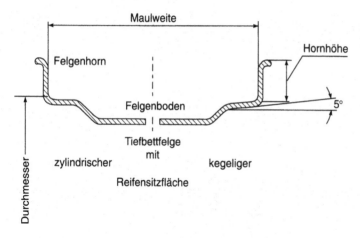

Abb. 2.6. Tiefbettfelge mit zylindrischer und kegeliger Reifensitzfläche

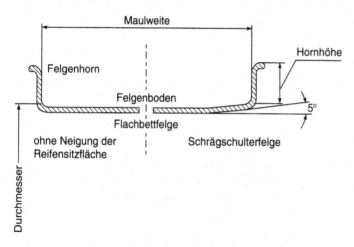

Abb. 2.7. Flachbettfelge mit zylindrischer und kegeliger Reifensitzfläche

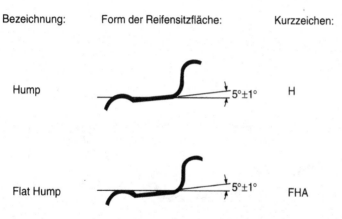

Abb. 2.8. Hump-Felge

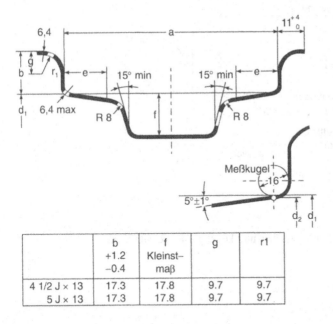

	b +1.2 −0.4	f Kleinst– maß	g	r1
4 1/2 J × 13	17.3	17.8	9.7	9.7
5 J × 13	17.3	17.8	9.7	9.7

Abb. 2.9. J-Felge

Verschlußring Geschlossener   Stahl-
                Seitenring   Schrägschulterring

Abb. 2.10. Schrägschulterfelge

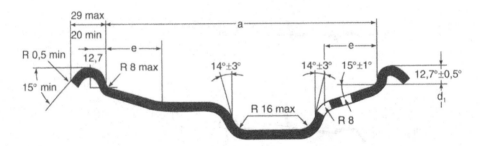

Abb. 2.11. Steilschulterfelge

Tabelle 2.5. Gewichtsvergleich

Gewicht kg	Schrägschulterreifen 12.00R20	Steilschulterreifen 13R22,5
Reifen	69,0	68,5
Schlauch	6,2	–
Wulstband	3,8	–
Felge	71,0	45,0
Rad	150,0	113,5

Erhöhung des zulässigen Gesamtgewichtes von 225 kg. Zusätzlich ist diese Radausführung noch billiger. Einziger Nachteil ist, daß zum Montieren eine Montagemaschine benötigt wird. Händische Montage ist zwar möglich, erfordert aber großes handwerkliches Können.

3 Rohstoffkunde

Auf seiner zweiten Amerikafahrt hat Christoph Kolumbus (1493–1496) das Ballspiel der Indianer auf Haiti beobachtet. Die Indianer verwendeten einen Vollgummiball aus rohem Naturkautschuk. Der Kautschukmilchsaft, Latex genannt, wird aus dem Hevea-Baum mittels Zapfschnittes gewonnen.

Um 1770 entstand in Europa der Radiergummi („rubber" = Reiber), welcher aus Naturkautschuk „NR" hergestellt wurde (Abb. 3.1). Ein NR-Faden enthält etwa 3000 Isopren-Einheiten. 1 Faden, voll gestreckt, ist ca. 0,001 mm lang und auf eine Kugel verknäult, hat er einen Durchmesser von 0,00001 mm.

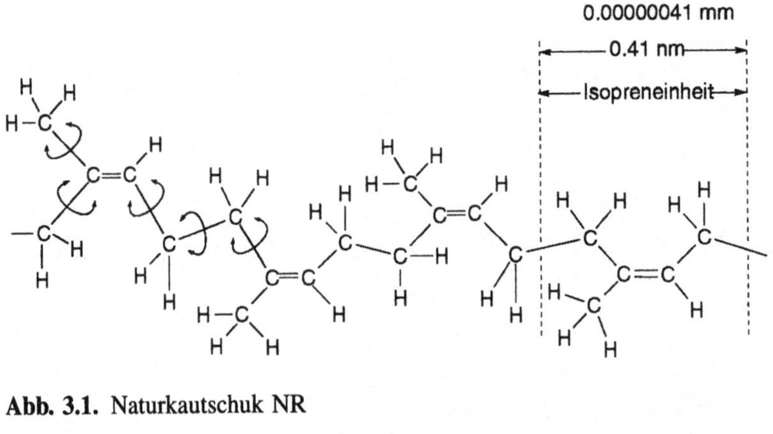

Abb. 3.1. Naturkautschuk NR

1826 baut Hancock eine Zerreißmaschine des Naturkautschuks. Den Prozeß des Zerreißens nennt man Mastikation. Durch die Mastikation wird NR *klebriger, niedriger in der Viskosität* und *aufnahmebereiter für Füllstoffe*.

Die Mastifikation wird heute durch Innenmischer durchgeführt.

1844 erfindet Goodyear die Vulkanisation. Durch die Vulkanisation wird aus einer plastisch verformbaren, meist klebrigen Kautschukmasse, ein formstabiles, nicht klebriges Vulkanisat – der Gummi. Man erreicht damit eine Verbesserung von *Elastizität, Festigkeit, Härte, Verschleißbeständigkeit* und *Alterungsbeständigkeit*.

Das Goodyear Patent umfaßt *NR 100, Bleiweiß 28, Schwefel 20,* bei einer Vulkanisationstemperatur $\geq 114°C$. Später wird das Bleiweiß durch Zinkweiß-Stearinsäure ersetzt.

1915 kommen brauchbare Beschleunigersysteme auf den Markt, welche eine raschere Vulkanisation bewirken, weniger Schwefel benötigen und daher eine bessere Qualität des Vulkanisates ergeben.

Noch in den 20-er Jahren war es notwendig, eine hohe Rußmenge beizugeben, zur Erhöhung der Abriebsbeständigkeit. Dabei stieg aber die Mischungsviskosität so stark an, daß die Mischung nicht mehr verarbeitbar war. Als Gegenmaßnahme wurde ein Ölzusatz zugegeben.

1926 entwickelte I.G. Farben erstmals in großtechnischer Herstellung einen Synthesekautschuk aus Butadien Rubber „BR" + Natrium, genannt „Buna". Buna steht heute für „BRSBR".

1929 wurde Styrolbutadien Rubber „SBR" entwickelt und dieses Material begann von da an seinen Siegeszug.

1932 bringt Bayer einen Sulfanomid-Beschleuniger auf den Markt. Ab 1937 gibt es wirksame Schutzmittel gegen Ozon.

In den USA wurde 1937 der Butylkautschuk „IIR" entwickelt und seit 1947 sind ölverstreckte SBR auf dem Markt. Dieses Material erlaubt ein besseres Mischen als SBR + Öl und liefert meist auch bessere Reifenergebnisse.

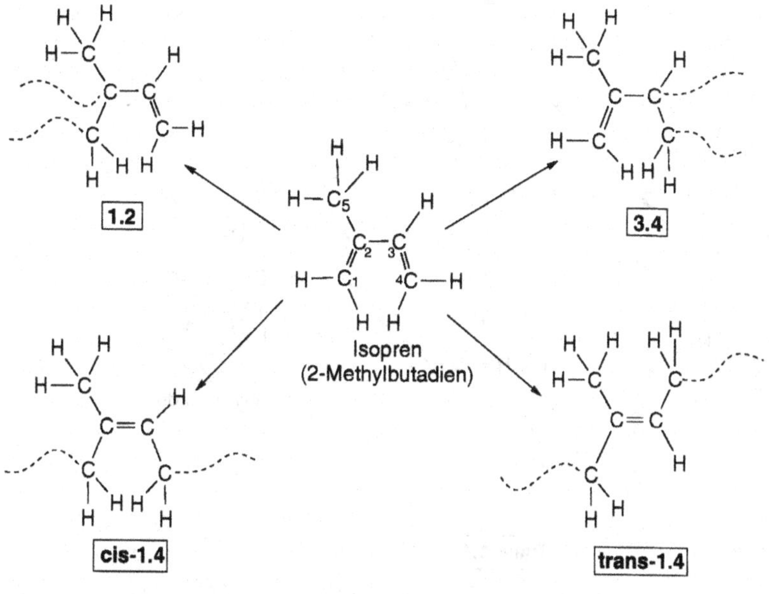

Abb. 3.2. Mögliche Polymerisationen von Isopren Rubber IR

Nach dem Kriege wurden zahlreiche Verbesserungen bei *SBR, BR, Haftvermittler für Stahlkord und neue Ruße* entwickelt. Außerdem ist die Kieselsäure für die „Silantechnologie" großtechnisch vervollkommnet worden.

Vielfach, insbesondere bei LKW-Reifen, wird heute noch Naturkautschuk verwendet. NR wird entweder als Latexqualität oder als Feldqualität eingesetzt. Die Latexqualität, z.B. Sheets 3, besteht aus rohen, dünnen Platten, wobei die Zahl den Reinheitsgrad charakterisiert – je niedriger, umso reiner. z.B. bedeutet SMR5 – Standard Malaysien Rubber.

Da Latex gesammelt, dann koaguliert, abgefiltert und anschließend geräuchert wird, kann es passieren, daß die sog. Feldqualität, z.B. SMR 10, auch Koagulate aus Zapfbecher enthält. Zur Mastikation von NR werden Mastizierhilfen verwendet, wie z.B. Renacit 7 oder Peptone.

„IR", synthetisches CIS 1,4 Polyisopren-Isopren Rubber, dargestellt in Abb. 3.2, ist nicht so regelmäßig wie NR aufgebaut, z.B. Cariflex IR 309. NR/IR anstelle von reinem NR erleichtert die Verarbeitung, bietet aber im Vulkanisat sonst keine Vorteile.

SBR ist ein Co-Polymer aus Styrol und Butadien (Abb. 3.3). Es kann als Emulsions-SBR oder als Lösungs-SBR eingesetzt werden (Abb. 3.4).

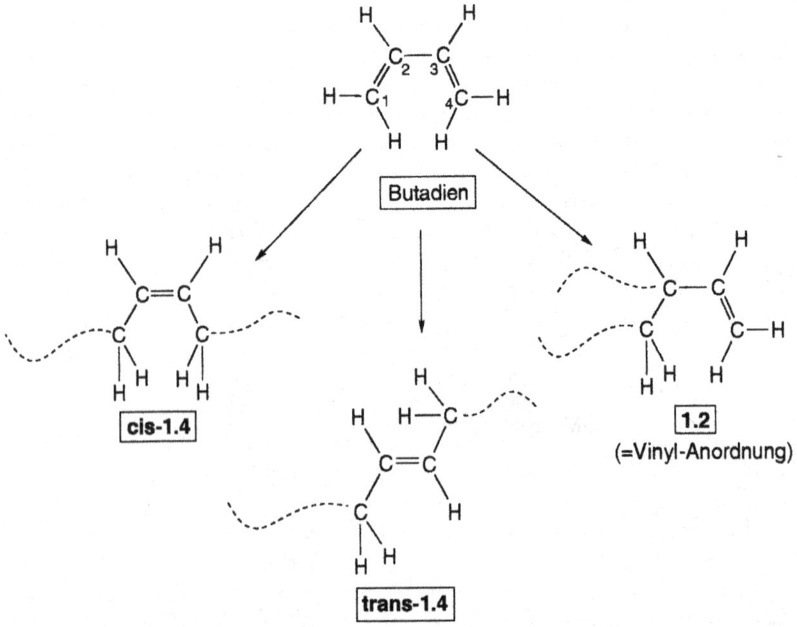

Abb. 3.3. Mögliche Polymerisationen von Butadien

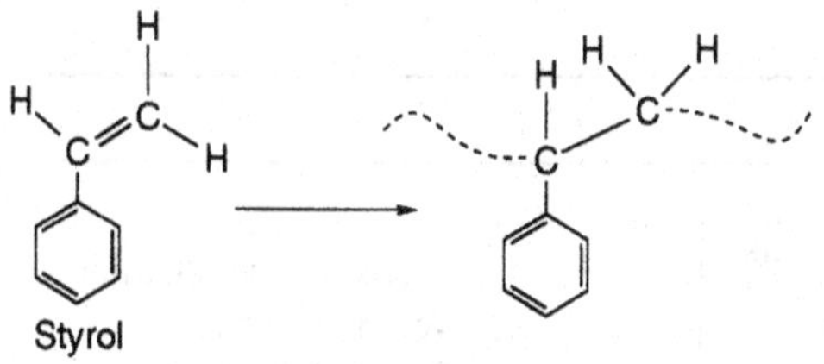

Abb. 3.4. Einbau von Styrol in einen Kautschukfaden

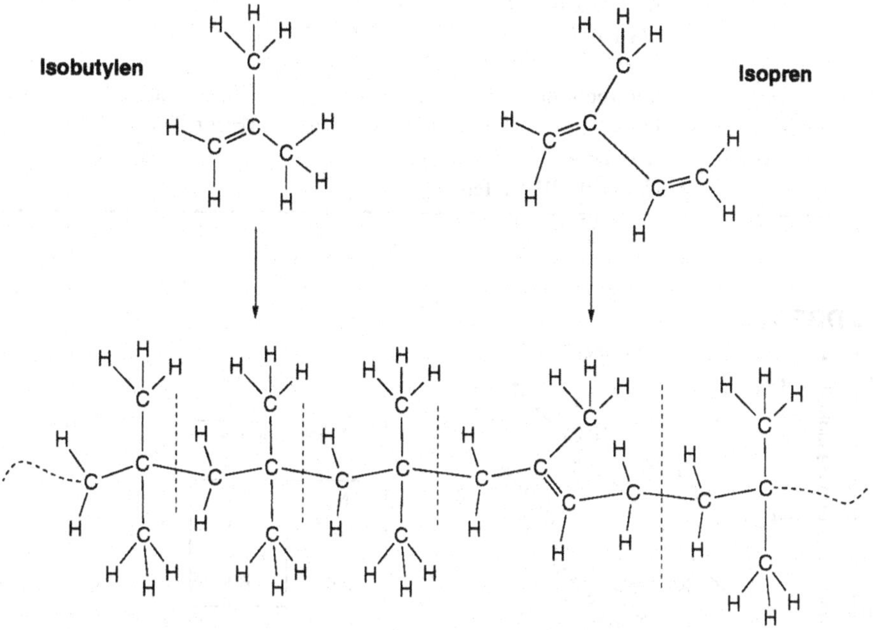

Abb. 3.5. Isopren-Isobutylen Rubber IIR

„IIR" ist ein Co-Polymer aus Isobutylen und wenig Isopren (Abb. 3.5). IIR wird nur in Schläuchen verwendet, da es unverträglich ist und keine Verschweißung mit NR, IR, BR oder SBR ergibt.

„CIIR" ist chloriertes IIR. Dieses Material ist wesentlich teurer als IR, dafür aber verträglich und verschweißbar mit NR, IR, BR, SBR und IIR. Alle Butylkautschuke sind besonders luftdicht. In welcher Weise die verschiedenen Kautschuktypen eingesetzt werden, kann Tabelle 3.1 entnommen werden.

Ruß: Geringe Rußmengen (Farbruß) geben guten Lichtschutz. Hohe Rußmengen fördern die Festigkeit, Kerbzähigkeit, Abriebsbeständigkeit und

Tabelle 3.1. Einsatz von Kautschuktypen

	+	−
NR	Grünfestigkeit ⎫ unvulk. Klebrigkeit ⎭ Vulkanisatfestigkeit Kerbzähigkeit Riß–Weiterwachsen Elastizität ⎫ ideal f. LKW	schwankende Qualität Verarbeitung Ozonanfälligkeit
BR	Abriebsbeständigkeit Scheuerbeständigkeit Ermüdungsbeständigkeit Ozonbeständigkeit Kälteflexibilität Elastizität ⎫ günstig f. Seitenprofil	Klebrigkeit Naßgriff Kerbzähigkeit Riß–Weiterwachsen
SBR	Verarbeitung Preis Allzweck Naßgriff HR-Reifen	(Elastizität) (Eisgriff)

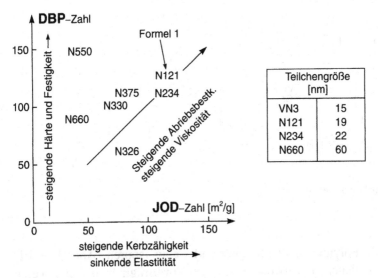

Abb. 3.6. Rußkennzeichnung

insbesondere bei hohen Temperaturen wären Synthesekautschuke ohne Ruß kaum brauchbar. Als Rußkenngröße werden die Teilchengröße (Abb. 3.6), gemessen im Elektronenmikroskop, die Oberfläche als Jodzahl und die

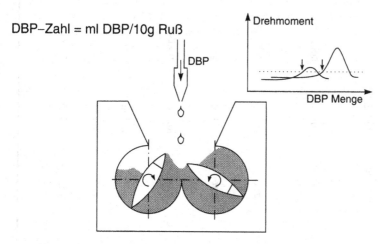

DBP–Zahl = ml DBP/10g Ruß

Abb. 3.7. DBP-Zahl

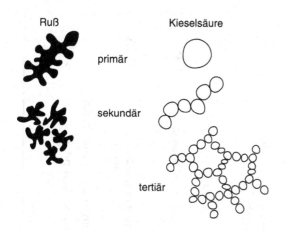

Abb. 3.8. Struktur von Ruß und Kieselsäure

Struktur als DBP-Zahl ausgedrückt (Abb. 3.7), angegeben. Der Strukturunterschied zwischen Ruß und Kieselsäure ist in Abb. 3.8 wiedergegeben.

Alterungsschutzmittel: Die chemische Zusammensetzung und Schutzwirkung einiger für den Reifen interessanter Alterungsschutzmittel kann Tabelle 3.2 entnommen werden.

Ozon spaltet Kautschuk extrem rasch. Wird eine kritische Spannung überschritten, so bilden sich Risse. Diese Risse können statisch, z.B. bei Lagerung entstehen. Abhilfe erfolgt durch Wachse oder dynamisch, mit einem

Tabelle 3.2. Chemische Zusammensetzung und Schutzwirkung einiger für den Reifen interessanter Alterungsschutzmittel

Chemische Zusammensetzung	Kurz-zeichen	Verfärbung	Schutzwirkung gegen		
			Sauerstoff-Hitze	Ozon statisch	Ermüdung Risse
N,N'-Di-(1,4-dimethyl-pentyl)-p-phenylendiamin	77PD	verfärbend	gering	sehr gut	gut
N-(1,3 Diethylbutyl)-N'-phenyl-p-phenylendiamin	6PPD	verfärbend	gut	gut	sehr gut
N-Isopropyl-N'-phenyl-p-phenylendiamin	IPPD	verfärbend	gut	gut	sehr gut
N,N'-Ditolyl-p-phenylendiamin	DTPD	verfärbend	gut	mäßig	gut
Phenyl-beta-Naphtylamin	PBN	verfärbend	gut	keine	mäßig
Kondensationsprodukt aus Aceton + Diphenylamin	ADPA	verfärbend	gut	keine	gering
Polymerisiertes 2,2,4-Trimethyl-1,2-dihydrochinolin	TMQ	schwach verfärbend	gut	keine	gering
2,6-Di-tert.-butyl-p-kresol	BHT	nicht verfärbend	gering	keine	keine

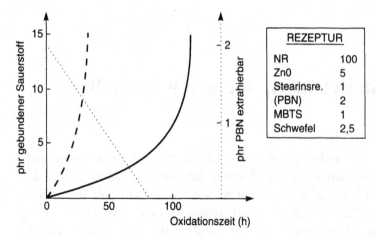

Abb. 3.9. Alterungsschutzmittel PBN verlangsamt die Sauerstoffaufnahme der Mischung

Übergang zu Ermüdungsrissen durch IPPT oder 6PPT. Daneben gibt es noch eine Sauerstoff-Temperatur-Alterung, sie verringert die Festigkeit, die Dehnung und die Kerbzähigkeit. Zur Abhilfe wird ebenfalls IPPT oder 6PPT verwendet (Abb. 3.9).

4 Gummimischungen und deren Herstellung

Nachdem wir die Nomenklatur von Reifen kennengelernt und Rohstoffkunde betrieben haben, wollen wir die wichtigsten Bestandteile des Reifens in der Reihenfolge ihrer Herstellung betrachten. Von vornherein soll die Einheit zwischen Rezept, Aufbauvorschrift, Vulkvorschrift und der Reifenherstellung gewahrt werden. Begonnen wird demzufolge im Rohbetrieb mit der Herstellung von Gummimischungen, die im Reifen ausschließlich Verwendung finden.

Der Kraftfahrzeugreifen erleidet im praktischen Gebrauch eine vielseitige Beanspruchung, der durch den Mischungsaufbau Rechnung getragen werden muß. Bei der Entwicklung von Reifenmischungen ist neben der Brauchbarkeit im praktischen Einsatz auch an eine gute Verarbeitbarkeit und Verschweißung der Bauteile während des Vulkanisationsprozesses zu denken. Dies geschieht durch entsprechende Wahl von Kautschuktypen, Füllstoffen, Schwefel, Weichmachern, Klebrigmachern, Alterungsschutz, Beschleuniger, Aktivatoren, Hifsstoffen und Einstellung der Vulkanisation.

Kautschuk

Kautschuk ist der wichtigste Rohstoff für den Aufbau einer Gummimischung. Er bestimmt die Eigenschaften einer Mischung im besonderen Ausmaß. Verwendet werden sowohl Naturkautschuk als auch Kunstkautschuk. Naturkautschuk ist der Saft des Baumes Hewea Brasiliensis. Der Saft wird ähnlich wie Harz gewonnen und als Latex bezeichnet. In diesem Latex ist das Polymer ganz fein verteilt, in Form einer Emulsion. Um daraus Naturkautschuk gewinnen zu können, wird die Emulsion chemisch zerstört. Der ausfallende Naturkautschuk wird gepreßt, gewaschen und getrocknet. Um ihn vor Fäulnis zu schützen, wird er entweder geräuchert (smoked sheets) oder chemisch konserviert. Naturkautschuk hat unterschiedlich lange Polymerketten. Die Länge der Polymerketten ist aber maßgebend für die Elastizität. Da es sich um ein Naturprodukt handelt, kann die Kettenlänge nicht beeinflußt werden.

Um Naturkautschuk verarbeitbar zu machen, müssen zuerst die zu langen Ketten verkürzt werden, im sog. Mastikationsprozeß. Die Verkürzung der Ketten erfolgt mechanisch, thermisch oder chemisch durch Luftsauerstoff bzw. chemische Substanzen, wie Renacit, auf einem Kneter oder im Walzwerk.

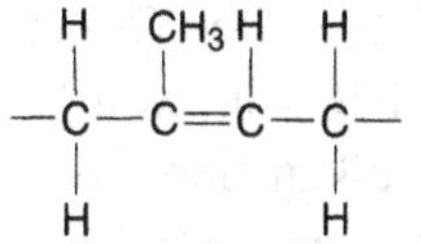

$$\begin{array}{ccccc} H & CH_3 & H & H \\ | & | & | & | \\ -C & -C & =C & -C- \\ | & & & | \\ H & & & H \end{array}$$

Abb. 4.1. Naturkautschuk

Bei Dehnung kristallisiert Naturkautschuk und nimmt bei Entlastung sofort wieder seine ursprüngliche Gestalt an. Diese Eigenheit bewirkt hohe Festigkeit und hohe Elastizität. Da Naturkautschukmischungen bei Deformation sehr wenig Wärme entwickeln, werden sie vor allem für LKW-Reifen eingesetzt. In Abb. 4.1 ist ein Isoprenmolekül des Naturkautschuks wiedergegeben.

Die beiden wichtigsten Kunstkautschuktypen, die im Reifen eingesetzt werden, sind Styrol-Butadien-Rubber SBR und Butadien-Rubber BR (Abb. 4.2). Die für die Herstellung dieser beiden Kautschuktypen verwendeten Monomere sind dem Namen entspechend Styrol und Butadien für SBR und Butadien für BR. Die Kettenlänge der Polymere kann hier so eingestellt werden, daß sie direkt verarbeitbar sind und sich ein Mastikationsprozeß erübrigt. Beide Typen werden auch als sog. ölverstreckte Kautschuke angeliefert. In diesem Fall werden die Polymerketten etwas länger polymer-isiert und die für die Verarbeitung notwendige Plastizität durch Zugabe von Öl eingestellt. Dadurch werden die Kautschuke billiger, ohne Wesentliches an Eigenschaften zu verlieren. In einer Laufstreifenmischung beispielsweise gibt SBR guten Naßgriff, während BR einen guten Abriebswiderstand und hohe Rißbeständigkeit ergibt. Diese Kautschuke sind billiger als Naturkautschuk und werden dort eingesetzt, wo es die erhöhte Wämeentwicklung erlaubt, z.B. beim PKW-Reifen.

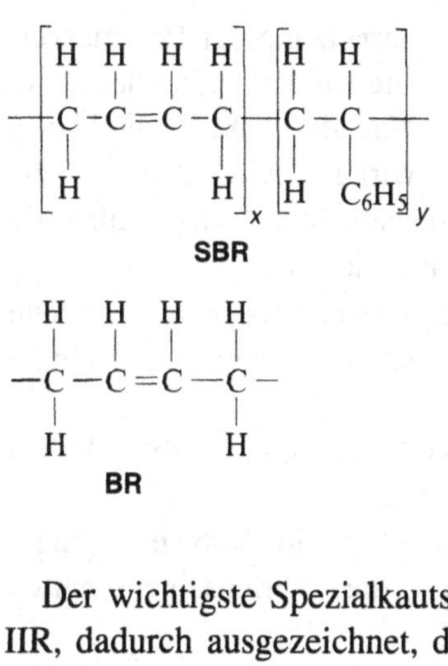

$$\left[\begin{array}{cccc} H & H & H & H \\ | & | & | & | \\ C & -C & =C & -C \\ | & & & | \\ H & & & H \end{array}\right]_x \left[\begin{array}{cc} H & H \\ | & | \\ C & -C \\ | & | \\ H & C_6H_5 \end{array}\right]_y$$

SBR

$$\begin{array}{cccc} H & H & H & H \\ | & | & | & | \\ -C & -C & =C & -C- \\ | & & & | \\ H & & & H \end{array}$$

BR

Abb. 4.2. SBR und BR

Der wichtigste Spezialkautschuk in der Reifenindustrie ist Butylkautschuk IIR, dadurch ausgezeichnet, daß eine besonders niedrige Luftdurchlässigkeit

und hohe Temperaturbeständigkeit gegeben sind. Butylkautschuk wird daher
für Schläuche und Heizbälge verwendet. Alle Butylkautschukmischungen
dürfen in der Produktion mit keiner anderen Kautschukmischung zusammen-
gebracht werden, da es sonst zu Fehlfabrikaten kommen würde. Der Grund
dafür liegt darin, daß IIR im Vergleich zu NR, SBR oder BR sehr wenige
Doppelbindungen hat und daher wesentlich langsamer vulkanisiert. Die
Vernetzungsmittel werden bei der Vulkanisation von den hochungesättigten
Polymeren verbraucht, während die IIR-Schichten weitgehend unvernetzt
bleiben und zum Zerfall des Vulkanisates führen.

Ähnliche Eigenschaften wie Butylkautschuk, jedoch ohne dessen Unver-
träglichkeit, haben Halogenkautschuke, also Brom- oder Chlorbutylkautschuk.

Füllstoff

Es wird zwischen hellen und schwarzen Füllstoffen unterschieden. Für den
Reifen sind die wichtigsten Füllstoffe die schwarzen, die Ruße. Ruße werden
durch hohes Erhitzen einer hocharomatischen Erdölfraktion in entsprechenden
Öfen hergestellt. Entscheidend für die Eigenschaften eines Rußes sind die
Teilchengröße sowie seine Struktur. Je feinteiliger ein Ruß ist, desto aktiver
ist er. Man kann sich vorstellen, daß die feinen Rußteilchen eine rauhe,
ungeordnete Oberfläche haben, die durch Anlagerung an Polymerketten
entsprechende Bindungskräfte ausbilden. Der Durchmesser der verwendeten
Rußteilchen liegt oft nur bei wenigen Hunderttausendstel Millimeter. Normalerweise liegt der Ruß nicht in Form von einzelnen Teilchen vor, sondern
mehrere Teilchen sind miteinander verbunden. Diese Eigenschaft des Rußes
nennt man Struktur. Je länger die Rußteilchenketten sind, desto höher ist die
Struktur eines Rußes. Je höher die Struktur eines Rußes ist, umso aktiver ist er
bei gleicher Teilchengröße; höhere Aktivität bedeutet die Ausbildung höherer
Bindungskräfte zu den Polymerketten.

Aktive Füllstoffe bewirken eine physikalische Vernetzung der Polymerketten. Polymerketten, die durch ein Rußteilchen miteinander verbunden sind,
können sich noch gegeneinander verschieben. Nachdem aktive Füllstoffe
sofort nach der Einmischung im Kautschuk wirken, wird dadurch die
Plastizität herabgesetzt, die Verarbeitbarkeit wird schlechter. Aktive Füllstoffe
bewirken eine Zunahme des Moduls, der Härte und der Festigkeit.

Zur Klassifikation der Ruße gibt es zwei Systeme. Das erste, veraltete
System bezeichnet den Ruß nach seinem Einsatzzweck und nach seinem
Herstellungsprozeß:

SAF Super Abrasion Furnace ist ein Ruß mit einem sehr hohen
Abriebswiderstand, der in einem Ofen hergestellt wird.

ISAF Intermediate Super Abrasion Furnace ist ein Ruß mit gutem
Abriebswiderstand. Intermediate bedeutet, daß die Abriebseigenschaften
zwischen SAF und HAF liegen.

HAF High Abrasion Furnace ist ein Ruß mit mäßigem Abriebswiderstand.

SRF Semi Reinforcing Furnace ist ein wenig aktiver Ruß.

In diesem Klassifikationssystem ist keine Aussage über die jeweilige Struktur des Rußes enthalten. Es hat sich daher nachfolgende Klassifikation durchgesetzt:

N 110 (= SAF) N bedeutet Normal curing, d.h. es handelt sich um einen normal vulkanisierenden Ruß. Ein langsam vulkanisierender Ruß würde zu Beginn der Bezeichnung ein S (Slow curing) haben.

Die erste Stelle der dreistelligen Zahl gibt einen Hinweis auf die Teilchengröße. In diesem Fall sind es ≈ 0,01mm. Die beiden nachfolgenden Ziffern zeigen die Struktur des Rußes an. „10" bedeutet, daß es sich um einen normal strukturierten Ruß handelt. Ein höher strukturierter Ruß würde eine Zahl >10, ein niedriger strukturierter Ruß eine Zahl <10 bekommen.

N 220 (= ISAF) Die Teilchengröße liegt hier bei ≈ 0,02mm.

N 330 (= HAF)

N 347 Dieser Ruß hat die gleiche Teilchengröße wie HAF, jedoch eine höhere Struktur.

N 327 Dieser Ruß hat ebenfalls die Teilchengröße von HAF, jedoch eine niedrigere Struktur.

Ruß ist der Füllstoff aller schwarzen Gummimischungen und stellt ungefähr ein Drittel des Gesamtgewichtes dar.

Mischungen, die einen erhöhten Abriebswiderstand haben müssen, wie Laufstreifen-, Seitenwand- und Wulstgummimischung, benötigen einen hochaktiven Ruß. Diese Ruße haben jedoch den Nachteil, daß bei ihrem Einsatz die Wärmeentwicklung der Mischung bei Deformation zunimmt. Dementsprechend findet man vor allem im Inneren des Reifens, wo die Wärmeentwicklung eine sehr große Rolle spielt, Ruße mit niedriger Aktivität.

Helle Füllstoffe werden in Reifen sehr selten eingesetzt. Nur bei Weißwandreifen und färbigen Reifenseitenwänden müssen solche Füllstoffe, wie Kaolin und Kreide, verwendet werden. Diese gänzlich inaktiven Füllstoffe verbessern das Werteniveau der Mischung nicht, sind aber billig und werden daher auch in weniger beanspruchten Reifen als Rußersatz eingesetzt.

Weichmacher

Die Zugabe von Weichmacher-Ölen ermöglicht eine leichtere Verschiebung der Polymerketten gegeneinander. Dadurch erhöht sich die Plastizität und die Verarbeitbarkeit einer Mischung. Für Gummimischungen, wie sie im Reifen Verwendung finden, werden in erster Linie mineralische Weichmacher-Öle, d.h. Öle, die aus Erdöl gewonnen werden, eingesetzt.

Klebrigmacher

Für die Fertigung von Reifen ist es von entscheidender Bedeutung, daß die einzelnen Aufbauteile aneinander kleben. Die Klebrigkeit muß genau eingestellt werden, weil auch zu große Klebrigkeit zu Schwierigkeiten führt, z.B. durch Lufteinschlüsse. Die Klebrigkeit von Mischungen wird durch deren allgemeinen Aufbau und durch die Zugabe von Klebrigmachern reguliert. NR-Mischungen zeigen von vornherein eine hohe Klebrigkeit, sodaß eine Zugabe von Klebrigmachern nicht notwendig ist. Bei Kunstkautschukmischungen müssen jedoch meist Klebrigmacher zugesetzt werden. Klebrigmacher sind Harze, die aus dem Inneren der Mischungen an deren Oberfläche wandern und einen klebrigen Film bilden.

Alterungsschutz

Gummi kann durch zahlreiche atmosphärische Einflüsse geschädigt werden. In erster Linie handelt es sich um Schädigung durch Licht, Sauerstoff und vor allem Ozon.

Ozon ist in der Lage Polymerketten zu spalten. Ein ungeschützter Gummi würde an Stellen höherer Spannung sehr bald starke Risse aufweisen.

Ein mechanisch wirkender Alterungsschutz besteht darin, daß man eine gewisse Menge Wachs zugibt. Dieses wandert im Laufe der Zeit an die Oberfläche und bildet dort einen zusammenhängenden Wachsfilm. Dieser Wachsfilm verhindert den Angriff von Ozon, solange er unverletzt ist. Nachdem die Verletzung des Wachsfilmes im praktischen Betrieb nicht zu vermeiden ist, ist auch ein chemischer Alterungsschutz notwendig.

Durch Zugabe von Chemikalien, die rascher mit Ozon reagieren als Gummi selbst, kann ein sehr guter Alterungsschutz erreicht werden. Es handelt sich dabei ebenfalls um Substanzen, die an die Oberfläche wandern und bei Abrieb und Abwaschen aus dem Mischungsinneren nachgeliefert werden.

Außer gegen Ozon muß Gummi auch gegen Hitze und Sauerstoff geschützt werden. Während für den chemischen Schutz gegen Ozon hauptsächlich p-Phenylendiamine Verwendung finden, werden für den Schutz gegen Hitze und Sauerstoff sowohl Amine als auch Phenole eingesetzt.

Schwefel

Schwefel wird in löslicher und unlöslicher Form verwendet. Schwefel ist für die Vernetzung während der Vulkanisation von entscheidender Bedeutung. Er hat jedoch die Eigenschaft, daß er während der Rohmateriallagerung an die Oberfläche wandert und dadurch schlechte Klebrigkeit verursacht. Mit unlöslichem Schwefel kann in so einem Fall Abhilfe geschaffen werden.

Unter löslichem Schwefel versteht man die in Kautschuk löslichen momoklinen und rhombischen Schwefelmodifikationen, die aus S_8-Ringen aufgebaut sind. Bei Dosierung über die Löslichkeitsgrenze (ca.1%) wandert der Schwefel an die Oberfläche und kristallisiert dort. Dieser Vorgang wird „Ausblühen" genannt. Der aus langen Schwefelketten bestehende amorphe Schwefel ist in Kautschuk unlöslich und zeigt wegen des polymeren Charakters keine Wanderungstendenzen. Unlöslicher Schwefel verwandelt sich erst bei höheren Temperaturen $\geq 110°C$ in löslichen. Dementsprechend ist bei der Herstellung von Mischungen darauf zu achten, daß Temperaturen $> 110°C$ nicht überschritten werden.

Beschleuniger und Aktivatoren

Ohne die Zugabe von Beschleuniger und Aktivatoren würde der Vernetzungsprozeß nur sehr langsam verlaufen und man würde sehr unwirtschaftlich arbeiten. Als Beschleuniger verwendet man organische Substanzen, wie Sulfonamide, Thiazole, Dithiocarbamate, etc., die mit dem Schwefel reagieren und diesen auf die Kautschukmoleküle übertragen. Die Aktivatoren Stearinsäure und Zinkoxyd sind für die Bildung von Zwischenstufen bei dieser Übertragungsreaktion notwendig.

Mischungsrezept

Bei der Darstellung einer Rezeptur geht man von 100 Teilen Kautschuk aus und bezieht die Konzentration aller anderen Zutaten auf diese 100 Teile Kautschuk. Die Konzentrationsangabe der Mischungsbestandteile erfolgt in Parts per Hundred parts of Rubber phr, wie in Tabelle 4.1 dargestellt.

Herstellung von Mischungen

Früher wurden für die Mischungsherstellung ausschließlich Walzwerke verwendet, während heute Innenmischer eingesetzt werden. Die Herstellung von Mischungen auf Walzwerken kann zwar nach wie vor als die qualitativ hochwertigste bezeichnet werden, weil dabei das Polymer am wenigsten beansprucht wird. Am Walzwerk ist allerdings der Durchmischungseffekt nicht so gut und vor allem nicht zwangsweise wie beim Innenmischer. Aus diesem Grunde ist es schwierig, eine gleichmäßige Dispersion aller Mischungsbestandteile zu erreichen. Ein weiterer Nachteil von Walzwerken ist, daß man sich voll auf die Zuverläßlichkeit des Bedienungspersonals verlassen muß. Walzwerke werden heute daher nur mehr für Spezialmischungen, meist farbige ohne Ruß, eingesetzt.

Tabelle 4.1. Mischungsrezepte für Laufflächen

	Vor 1920	Späte 20iger Jahre	Frühe 30iger Jahre	SEV-System
NK	100	100	100	100
Weichmacher	–	5	5	5
Channel-Ruß	–	40	50	–
ISAF-N220	–	–	–	50
Stearinsäure	–	–	3	3
ZnO	25	25	4	4
PbO	8	–	–	–
CaO	1	–	–	–
PBN	–	–	1	1
Thiocarbanilid	1	–	–	–
DPG	–	0.6	–	–
MBT	–	–	1	–
Sulfenamid	–	–	–	1
Schwefel	4	3	2.751	1.5
90% der Vulkanisation werden bei 139°C in min erzielt	33	125	26	35

Mastikation

Mastikation, auch „Mastizieren" genannt, heißt wörtlich kauen oder zerkauen. In der Kautschuktechnologie wird aber häufig von „Abbau" oder „abbauen" gesprochen. NR besteht bekanntlich aus langen Kohlenwasserstoffketten, die ineinander stark verknäult vorliegen. Je stärker die Verschlaufung, desto geringer ist die Verschiebemöglichkeit der Ketten gegeneinander (Abb. 4.3). Äußerlich macht sich dies durch eine höhere Härte und Elastizität bemerkbar. Durch den Mastikationsprozeß erhalten wir aus dem eher harten und elastischen Produkt einen weichen, plastischeren und leicht verformbaren Kautschuk, erreicht durch Aufspalten der Kohlenwasserstoffe, „Kracken" genannt. In der Praxis heißt Mastizieren oder Abbauen immer, die Härte des Kautschuks herabsetzen.

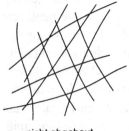

nicht abgebaut

abgebaut

Abb. 4.3. Mastikation

Die Verarbeitbarkeit von Elastomeren ist von der Verzweigung der Ketten und von der Kettenlänge abhängig. Synthesekautschuke werden auf eine Kettenlänge von 10^5 Monomereinheiten polymerisiert. Mit dieser Kettenlänge erhält man ein Material, das einerseits plastisch genug ist, um in konventionellen Kautschukverarbeitungsmaschinen verarbeitet zu werden, daß aber andererseits auch ausreichend viskos ist, um die für gute Füllstoffverteilung notwendigen Scherkräfte beim Mischen aufzubauen.

Die mittlere Kettenlänge bei NR liegt bei etwa 10^6 Monomereinheiten und ist somit um ca. eine Zehnerpotenz zu hoch, daher ist Mastikation notwendig. Naturkautschuk wird dazu auf einem Walzwerk oder einem Kneter bearbeitet. Dabei treten Scherkräfte auf, welche die langen Ketten des Naturkautschuks zerreißen und chemisch spalten. Es handelt sich also um einen mechano-chemischen Prozeß. Durch das Zerreißen der Ketten entstehen Radikale, die durch Sauerstoff oder andere Radikalfänger stabilisiert werden. Ohne Radikalfänger würden die sehr reaktiven Kettenradikale rekombinieren und den Mastikationseffekt zunichte machen. Mit steigender Temperatur nehmen jedoch die Scherkräfte stetig ab, sodaß der mechanische Abbau zurücktritt und ein rein chemisch-oxydativer Abbau überwiegt. In Abb. 4.4 wurde das Molekulargewicht M an 200g NR, nach 30min Mastikation, gemessen; M_0 ist in diesem Diagramm das Ausgangsmolekulargewicht.

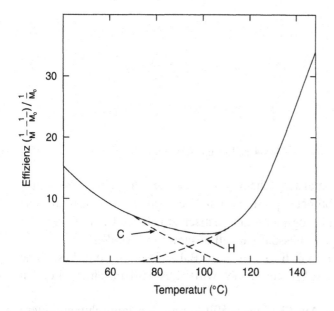

Abb. 4.4. Wirkungsgrad der Mastikation bei verschiedenen Temperaturen, M Molekulargewicht

Innenmischer (Kneter)

Im Gegensatz zu einem Walzwerk arbeitet ein Innenmischer in einer geschlossenen Kammer. Zwecks Beschickung kann der Oberteil der Kammer, der Stempel, geöffnet werden. Für die Entleerung wird der Unterteil der Kammer geöffnet durch einen Schiebesattel, oder bei modernen Knetern durch einen Klappsattel (Abb. 4.5). Um die beim Mischvorgang entstehende Wärme abführen zu können, sind Mischkammer, Rotoren und Sattel gekühlt, im allgemeinen allerdings nicht der Stempel. Der Kühlwasserverbrauch eines Standard-Innemischers mit 270 l Kammervolumen beträgt ca. 680 l/min, bei einer Antriebsleistung von $\approx 1000\,kW$ und 40 U/min.

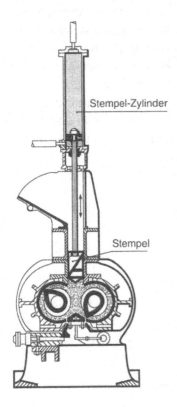

Stempel-Zylinder

Stempel

Abb. 4.5. Innenmischer

Ruß, Öl, sowie die meisten Chemikalien werden mit Hilfe von automatischen Dosiereinrichtungen portioniert und entsprechend eines für jede Mischung festzulegenden Programms automatisch zugeführt. Chemikalien, die nicht pelletisiert vorliegen, müssen manuell ausgewogen werden.

Kunst- und Naturkautschuk liegen meist in Ballenform vor, mit Ausnahme des Naturkautschuks, welcher verblendet wird. Die Hilfsmischung liegt in Fellform vor.

Die Ausführung von Mastikations-, Hilfs- und Fertigmischungsknetern ist sehr ähnlich. Die Hauptunterschiede sind vor allem bei den nachgeschalteten Maschinen, der Kühlleistung des Kneters und der Antriebseinheit festzustellen. Während Mastikations- und Hilfsmischungskneter meist mit einer Drehzahl, 30 bis 60U/min, auskommen, haben Fertigmischungskneter meist zwei Drehzahlen, z.B. 16 und 32U/min, oder sogar eine stufenlose Regelung der Kneterschaufeldrehzahl. Obwohl bei Fertigmischungen die zulässige Temperatur niedriger als bei Hilfsmischungen ist, kann das Kühlsystem im allgemeinen schwächer ausgelegt werden, weil auch die zugeführte Energiemenge kleiner ist. Während nämlich bei einer Hilfsmischung 0,1 bis 0,2KWh/kg Mischung zugeführt werden müssen, ist die zugeführte Energie bei einer Fertigmischung nur 0,05 bis 0,1 KWh/kg.

Hilfsmischungskneter verwandeln als nachgeschaltete Maschinen den vom Kneter ausgestoßenen Klumpen in Felle von rechteckigem Querschnitt zur Weiterverarbeitung in Slab-Extrudern oder auch Roller-Die-Extrudern. Slab-Extruder sind im Prinzip Spritzmaschinen, die einen Schlauch von etwa 15″ Durchmesser mit einer Wandstärke von ≈ 10 bis 20mm spritzen. Roller-Die-Extruder sind Spritzmaschinen die direkt in ein Walzwerk spritzen, das ein Fell von ≈ 100 cm Breite und 10 bis 20mm Dicke erzeugt. Der Roller-Die-Extruder hat den Vorteil, daß die Felltemperatur geringer ist und ein wesentlich präziseres Fell entsteht.

Fertigmischungskneter verwenden als nachgeschaltete Maschinen entweder Roller-Die-Extruder oder ein bis zwei Walzwerke. In jedem Fall wird danach das Fell mit Talkum isoliert, um das Zusammenkleben zu verhindern, und auch gekühlt. Die Kühlung erfolgt mittels Wasser oder Luft. Am Ende der Kühlanlage wird das Fell geschnitten und übereinander gestapelt, oder aber Wig-Wag abgelegt. Die Wig-Wag-Ablage hat den Vorteil, daß das Fell bei Nachfolgemaschinen einfach eingezogen werden kann.

Walzwerke

Walzwerke sind die ältesten Mischmaschinen der Gummiindustrie und werden mehr und mehr durch Innenmischer verdrängt. Sie sind allerdings heute noch in Verbindung mit anderen Maschinen, wie Spritzmaschinen und Kalandern, unersetzbar. Walzwerke werden zum Waschen von Naturkautschuk, Mastizieren, Vorbrechen, Vorwärmen, Homogenisieren (intensives, feines Verteilen der Bestandteile), zum Herstellen von Mischungen, zum Ausschneiden von Streifen oder zum Herstellen der Felle und zum Refinern (knötchenfreies Ausziehen sehr dünner Felle) eingesetzt (Abb. 4.6).

Besondere Walzwerktypen

Entsprechend ihrer Verwendung im Betrieb gibt es unterschiedliche Walzwerktypen.

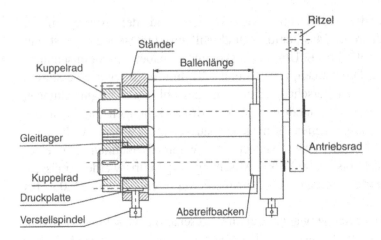

Abb. 4.6. Walzwerk

Das Vorwärmwerk hat die Aufgabe, kalte, abgelagerte Mischungen vor der Weiterverarbeitung vorzuwärmen und zu plastizieren. Es unterscheidet sich im Aufbau nicht von einem Mischwerk, allerdings genügt es meist kleinere Walzwerke, z.B. 60″, einzusetzen.

Vorwärmwerke sind meistens mit einem sogenannten Ausschneidewerk gekoppelt. Zur Beschickung weiterverarbeitender Maschinen, wie Kalander und Spritzmaschine, wird durch eine Ausschneidevorrichtung ein Streifen ausgeschnitten und abgezogen. Die Ausschneidevorrichtung besteht aus zwei oder mehreren Messern, deren Halterung auf einer Achse vor der Vorderwalze, seitlich verschiebbar, angebracht ist (Abb. 4.7). Der ausgeschnittene Streifen wird über Transportbänder fortlaufend der weiterverarbeitenden Maschine zugeführt.

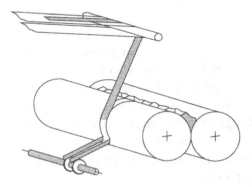

Abb. 4.7. Ausschneidevorrichtung

Vor den Vorwärm- und Ausschneidewerken sind bei Bedarf Brechwalzwerke, sogenannte Brecher, angebracht, auf denen harte Mischungen vorgebrochen werden. Dadurch verhindert man eine Überlastung des

Vorwärmwerkes und ein eventuelles Durchstoßen der Druckplatten. Die Brecher sind sehr stabil gebaute Maschinen mit kurzen, steifen Walzen (Abb. 4.8).

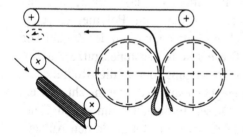

Abb. 4.8. Brecher

Hilfsmischung

Die Herstellung einer Mischung erfolgt, abgesehen von der Mastikation, in mindestens zwei Stufen. Diese Unterteilung erfolgt vor allem aus wirtschaftlichen Gründen. Bei der Herstellung der Hilfsmischung werden alle Chemikalien, abgesehen von den Vulkanisationsmitteln, in die Kautschukmatrix eingemischt. Da ohne Vulkanisationsmittel kein Einsetzen der Vernet-

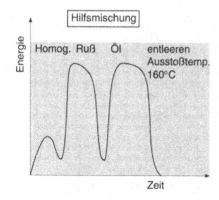

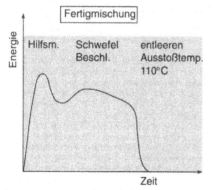

Abb. 4.9. Hilfsmischung und Fertigmischung

zungsreaktion befürchtet werden muß, kann bis zu Temperaturen gemischt werden, die eine thermische Schädigung des Polymers noch ausschließen ($\approx 160°C$).

Wie aus dem Leistungsdiagramm in Abb. 4.9 ersichtlich, hat der Kneterantrieb eine erste Leistungsspitze, wenn das kalte Polymer eingelegt wird. Mit der Erwärmung fällt die Antriebsleistung ab, um mit der Zugabe von Ruß eine zweite Spitze zu erreichen. Diese zweite Leistungsspitze hat ihre Ursache in der Behinderung der Kettenbewegung durch die Rußteilchen. Anschließend wird Weichmacher-Öl zugegeben und weitergemischt, bis ein vorher festgelegtes Limit erreicht ist. Dieser Endpunkt kann durch Zeit-, Leistungs-oder Temperaturvorgabe festgelegt werden. Bei modernen Anlagen mit Prozeßsteuerung können alle drei angeführten Parameter als Steuerelemente verwendet werden.

Fertigmischung

Bei der Fertigmischung werden die Vernetzungschemikalien, wie Schwefel und Beschleuniger, zugesetzt. Der Mischzyklus wird im allgemeinen durch die

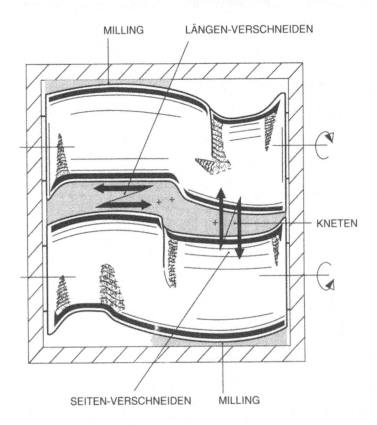

Abb. 4.10. Arbeitsweise des Kneters

Zeit gesteuert, jedoch mit einer Temperaturbegrenzung. Zu hohe Temperaturbelastung ist zu vermeiden, da sonst die Mischung „anspringen", das heißt anvulkanisieren, würde.

Das Mischen erfolgt im Innenmischer auf vier verschiedene Arten:

– Zerreiben,
– Kneten (Abb. 4.10),
– Längsabschneiden und
– seitliches Überlappen (Abb. 4.11).

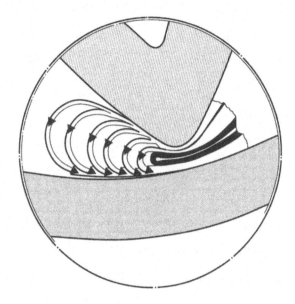

Abb. 4.11. Materialpuppe

Das Walzen oder Zerreiben geschieht durch die Scherung der Rotoren, die das Material an der Innenwand der Troghälften vorbeischieben. Dieses Walzen ist vergleichbar mit dem Walzen auf einem Walzwerk mit Friktion zwischen den Walzen. Es ist jedoch wirkungsvoller, da der Winkel zwischen Rotor und Seitenwand wesentlich spitzer ist als der zwischen den Walzen. Unzerkleinerter Kautschuk wird durch die Rotorflügel derart großen Scherkräften ausgesetzt, daß dadurch die Struktur des Rohgummis und damit dessen Moleküllänge verändert wird.

Das Kneten wird durch die Rotorspitzen verursacht, sobald das durch Walzen und Scheren verformte Material aus dem Zentrum der Mischkammer herausgebracht wird und sich dadurch unter weniger intensiver Krafteinwirkung befindet. Der Innenmischer hat ein Zwischengetriebe mit ungleichem Übersetzungsverhältnis, zur Erzeugung von Rotorfriktion, das nicht weniger als zehn verschiedene Stellungen der Rotorspitzen zueinander ermöglicht.

Dadurch wird die Menge des Materials zwischen den Schaufeln und seine Lage ständig geändert.

Das Längsabschneiden wird in einem Innenmischer durch die Längsform oder Helix der Rotoren erreicht. Die Längsspirale führt zur Rotorspitze und ist so ausgelegt, daß das Material durch das Zentrum der Mischungskammer gedrückt wird. Ein kleiner Teil des Materials wird von der Rotorspitze abgeschert und bewegt sich rund um den Rotor und tritt an einer anderen Stelle wieder in den Arbeitsprozeß ein.

5 Prüfung von Mischungen

Während mastizierter Kautschuk und Hilfsmischungen im allgemeinen nicht geprüft werden, muß jedes Fertigmischungspaket möglichst kurz nach der Fertigstellung einer schnellen Prüfung unterzogen werden, um eventuelle Fehler rasch beseitigen zu können. Diese Prüfung erfolgt im allgemeinen mit Rheometern (Abb. 5.1).

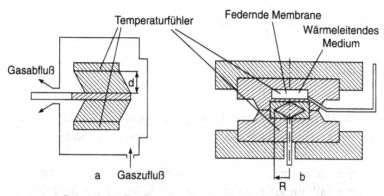

Beispiele für Reaktionskammern in Zwillingsbauweise
a Geschlossene Reaktionskammer eines Scher–Vulkameters
b Geschlossene Reaktionskammer eines Torsions–Vulkameters
d Spaltbreite bzw. Probendicke
r Radius bei der Spaltbreite d beim Torsions–Vulkameter
R Radius des Rotors

Abb. 5.1. Rheometer

Abb. 5.2 zeigt das Vulkanisationsverhalten einer Mischung mit schneller (CBS) und langsamer eingestellter Beschleunigung (MBS) sowie das Verhalten bei Zusatz eines Verzögerers (PVI).

In die Schwingkammer wird der kreisförmige Probekörper eingelegt. Der Rotor schwingt abwechselnd im und entgegen dem Uhrzeigersinn mit konstanter Amplitude. Gleichzeitig wird vom feststehenden Teil der Rheometerkammer her beheizt, mit einer Temperatur um 160°C. Das für die Verdrehung notwendige Drehmoment wird gemessen. Es sinkt vorerst mit wärmerwerdender Mischung ab. Sobald jedoch die Vernetzung eintritt, steigt es wieder an, um bei voller Vernetzung ein Maximum zu erreichen. Hier wird

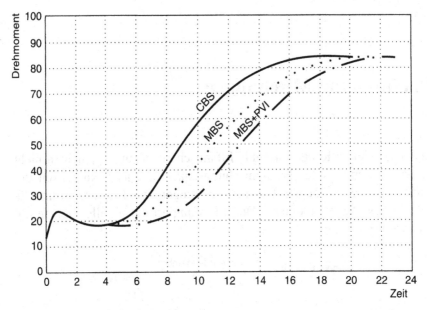

Abb. 5.2. Rheometerkurve bei 160°C

im allgemeinen abgebrochen. Würde man weiter prüfen, würde das die Mischung degradieren und dementsprechend die gemessene Kraft wieder absenken.

In der Schwingrheometerkurve werden an drei Stellen Toleranzen markiert. Liegt die Kurve innerhalb dieser Toleranzen, so ist die Mischung in Ordnung. Liegt sie außerhalb, wird die Mischung gesperrt.

Produkthaftung und Qualitätsstreben sowie die Vorkehrung vor Produktionsstörungen durch fehlerhafte Mischungen in den nachfolgenden Prozessen veranlassen den Reifenhersteller, die Mischungsherstellung einer Vollkontrolle hinsichtlich Identität und Vulkanisationsfähigkeit der produzierten Fertigmischung zu unterziehen. Daneben wird die Fließfähigkeit der Fertigmischungen und einiger Erstmischungsstufen stichprobenartig geprüft und bei Überschreiten zulässiger Grenzen ein sofortiger Eingriff veranlaßt. Es ist bei der Auswahl der Prüfmethode das Ziel zu setzen, mit einem Minimum an Aufwand und Zeit – die Freigabe muß oft rasch erfolgen – ein Maximum an Aussagekraft über Identität und Eignung der zu testenden Mischung zu erreichen.

Es hat sich diesbezüglich der Vulkanisationsversuch im sogenannten Vulkameter als besonders geeignet erwiesen. Das Vulkameter, auch Rheometer genannt, besteht im wesentlichen aus zwei beheizten Kammerhälften, deren untere von einem Motor 50 mal/min gegen die obere Hälfte in einem kleinen Winkel von 1° verdreht wird. Befindet sich die zu prüfende Mischung zwischen den Kammerhälften, setzt sie der Verdrehung (Torsion) einen Widerstand entgegen, der den bei der eingestellten Vulkanisationstemperatur von 180° gebildeten Vernetzungsstellen proportional ist. Ein Schreibgerät registriert ständig die bei der maximalen Verdrehung auftretende Kraft und trägt sie über die Zeit auf (Hüllkurve). Die Prüfzeiten liegen durchschnittlich bei 5 Minuten. So entsteht eine für jede Mischung charakteristische Vulkanisationskurve, eine Sollkurve für jede Mischung.

Unvermeidliche Schwankungen in Rohmaterialien und Prozessen bewirken, daß korrekt erzeugte Mischungschargen gewisse Abweichungen von der Sollkurve zeigen, die aber natürlich und zufällig sind. Man muß also Grenzen setzen, innerhalb der man eine bestimmte Streuung im Prüfergebnis zuläßt. Dabei werden statistische Methoden angewandt. Zur Festlegung eignen sich besonders 4 Bereiche der Kurve, nämlich

$$F_{min} = \text{Drehmomentminimum,}$$
$$F_{max} = \text{Drehmomentmaximum,}$$
$$t_{10} = \text{Zeit bis 10\% Anstieg und}$$
$$t_{90} = \text{Zeit bis 90\% Anstieg.}$$

Zur Beurteilung werden also für jede Mischung 4 Tore gesetzt, die von der Vulkanisationskurve passiert werden sollen. Liegt eine Kurve in einem oder mehreren Feldern außerhalb, wird die Prüfung zweimal wiederholt. Zeigen die Wiederholungsprüfungen dasselbe Bild, muß die betreffende Mischung gesperrt werden.

Die Rheometerprüfung ist eine Vollkontrolle, d.h. jedes Mischpaket wird bemustert und geprüft.

Die Viskosität der Fertigmischungen und Mastikationsbatches wird dagegen nur stichprobenartig, 5 bzw. 3 Muster pro Serie, geprüft. Dazu dient das Mooney-Gerät. In einer geschlossenen, zweiteiligen Prüfkammer befindet sich ein Rotor (Scheibe mit Schaft), der 1 Minute nach Beschicken und Schließen in Drehung versetzt wird (2 Umdrehungen/Minute). Die Zähigkeit der Mischung setzt dem Drehvorgang einen Widerstand entgegen, der registriert und über die Prüfzeit von 3 Minuten, aufgezeichnet wird. Die Prüftemperatur liegt hier bei 100°C entsprechend der Verarbeitungstemperatur der meisten Mischungen auf Kalandern oder Extrudern. Das nach einer Laufzeit von 3 Minuten auftretende Drehmoment wird als Mooney-Wert angegeben. Normalwerte für

Laufstreifenmischungen liegen bei	ca. 60 – 80, für
Gummierungsmischungen bei	ca. 40 – 70 und für
Hornprofilmischungen bei	ca. 80 – 110.

Die Prüfwerte werden in Regelkarten dokumentiert.

Zu den Ursachen für fehlerhafte Mischungen zählen Einwaagefehler, Anlagenstörungen, Bedienungsfehler, Rohstoffverwechslungen u.a.. Das Einwaagen und die Einhaltung der Mischverfahren werden stichprobenweise kontrolliert, doch ist meist der Kontrollanteil gering. Über die Mischungssperrungen wird üblicherweise eine Monatsstatistik geführt. Die Bekämpfung ist Gegenstand ständiger Bemühungen unter Setzung von Qualitätszielen. Die zweifellos größte Gefahr bilden nichtvulkanisierende Mischungen.

Fähigkeit der Mischungsfreigabeprüfungen

Obwohl die Identität und Vulkanisationsfähigkeit der Fertigmischung durch die Freigabeprüfung abgesichert wird, können wegen der notwendigen Toleranzbereiche kleinere Fehler nicht anerkannt werden. Darüber hinaus werden z.B. Klebrigmacher, Alterungsschutzmittel und Lichtschutzwachse von der Vulkameterprüfung nicht erfaßt. Eine Absicherung über Chemikalienanlagen mit elektronischer Selbstkontrolle ist daher sehr wichtig.

Die Freigabeprüfung ist als grobes Sieb zu verstehen. Die Notwendigkeit der Fehlerbekämpfung und Selbstkontrolle wird davon nicht gemindert.

Um die Entscheidung über eine nachfolgende Verwendung der gesperrten Mischung zu erleichtern und der möglichen Ursache näher zu kommen, werden oft zusätzliche Prüfungen veranlaßt. Dazu wird eine Klappenheizung durchgeführt. An der vulkanisierten Klappe wird die Dichte und die Shorehärte geprüft.

Die Dichte, angegeben in g/cm^3, ist das Verhältnis von Masse zum Volumen eines Stoffes und eine Materialkonstante, also auch für eine bestimmte Mischung eine charakteristische Größe. Abweichungen von der Solldichte zeigen Füllstoffdosierfehler an, meist von Hilfsmischungsfehlern herrührend.

Die Shorehärte wird mit dem Härtemesser bestimmt. Die Eindringtiefe einer Nadel, die mit genormtem Druck (Federkraft) auf die Oberfläche der Klappe drückt, wird auf einer Skala abgelesen. Auf die Shorehärte wirken gleichermaßen Füllstofffehler wie Vulkanisationsmittelfehler. Im Grunde ist die Shorehärteprüfung nur eine Zusatzinformation über den Abweichungsgrad von den Sollwerten der Mischung.

Niveaukontrolle

Da die Vulkameterprüfung bei 180°C für die laufende Steuerung des Qualitätsniveaus der Mischung unzureichende Aussagen liefert, wird zusätzlich zur Mischungsfreigabe eine Niveaukontrolle, auch Wochenkontrolle genannt, durchgeführt.

6 Verstärkungsmaterialien

Im Jahre 1888 verwendete der irische Arzt J.B. Dunlop noch irischen Flachs als Verstärkungsmaterial. Nach und nach wurde der sehr teure irische Flachs durch Baumwolle ersetzt. Bis etwa 1940 wurde fast ausschließlich Baumwolle als Verstärkungsmaterial im Reifen verwendet. Diese Faser wird aus den Samenhaaren der Baumwollstaude gewonnen und ist nur ca. 40 mm lang. Baumwolle wird heute praktisch nur mehr für Fahrradreifen verwendet.

Der erste Rayon-Kord wurde 1923 von Du Pont produziert, 1933 folgte Courtauld. Rayon hatte zunächst nur einen sehr kleinen Marktanteil. Ende der 40-iger Jahre nahm aber die Benützung von Rayon in den USA und in Europa sehr rasch zu. 1951 wurde in Japan der erste Rayon LKW-Reifen produziert.

1947 folgten Nylonkorde (Nylon 66), zunächst am LKW eingesetzt. Dieses Material verdrängte nach und nach Rayon, außer in Europa (z.B. Semperit).

Polyester, Goodyear verwendet dieses Material ab 1962 für PKW-Reifen, zeigt die unangenehme Nyloneigenschaft des Flat spotting nicht, sodaß Polyester als Karkassenmaterial immer mehr und mehr eingesetzt wird.

In Tabelle 6.1 sind die Bezeichnungen für Textilkorde wiedergegeben. Beide Bezeichnungen sind nebeneinander in Gebrauch.

Im Gegensatz zu Baumwolle haben Kunstfasern endlos gesponnene Fasern, wodurch sich eine größere Festigkeit und geringere innere Reibung ergibt. Ihre Oberfläche ist äußerst glatt. Während bei Baumwollkorden die Haarigkeit der Samenhaare genügt, um die Verbindung mit dem Gummi herzustellen, ist es bei künstlichen Fasern notwendig, Haftlösungen aufzubringen, die sowohl mit der synthetischen Faser wie auch mit dem Kautschuk chemisch-physikalisch reagieren und daher gute Bindungen ergeben. Als Imprägnierlösungen werden hauptsächlich Latexmischungen verwendet.

Tabelle 6.1. Textilkordbezeichnung

System	Bedeutung	Beispiel
tex	Gewicht in g/1000m	Rayon tex 184 1000m Rayon = 184 g
Td = den	$\dfrac{\text{Gewicht [g]}}{\text{Länge [m]}} \times 9000$	Rayon Td 1650 = 1650den = tex 184

Bei allen drei synthetischen Festigkeitsträgern wird die hohe Festigkeit zum Teil dadurch erreicht, daß kurz nach dem Austritt aus der Düse die Fäden verstreckt werden, wodurch eine Orientierung der Kettenmoleküle eingeleitet wird, was höhere Festigkeit und Elastizität ergibt.

Nach dem Spinnen werden die Fasern verzwirnt. Während des Zwirnprozesses verliert man etwa ein Zehntel der ursprünglichen Festigkeit. Hochgedrehte Korde haben eine größere Dehnung und sehr gute Ermüdungs-, jedoch geringere Festigkeitseigenschaften. Niedrig gedrehte Korde können sich bei auftretenden Stauchungen leichter vom Gummi lösen. Es ist dementsprechend nötig, ein sinnvolles Mittelmaß einzustellen.

Nach dem Zwirnen wird der Faden verwebt. Beim Reifen wird der Schußfaden nur als Zusammenhalt während des Herstellprozesses verwendet, dementsprechend hat er eine wesentlich geringere Festigkeit. Meist handelt es sich beim Schußfaden um einen Baumwollfaden oder aber einen sehr dehnbaren Kunststoffaden. Der Baumwollfaden reißt später während des Herstellprozesses, während der Kunststoffaden die großen Dehnungen, denen er während der Fertigung des Reifens unterworfen wird, mitmachen kann.

Die im Reifen verwendeten Verstärkungsmaterialien Textil und Stahl sind die Festigkeitsträger, die dem Gummiverband erst die gewünschten Festigkeits- und Dehnungseigenschaften verleihen. Für die Auswahl dieser Festigkeitsträger sind folgende Kriterien maßgebend:

- hohe Festigkeit
- geringe Dehnung
- kein oder geringes Wachstum
- geringer Schrumpf
- hohe Ermüdungsfestigkeit
- chemische und mechanische Beständigkeit
- Stabilität der physikalischen Eigenschaften und dynamischer Beanspruchung
- gute Haftung zum Gummi
- gute Verarbeitbarkeit

Rayon

Rayon wird aus Zellstoff, der überwiegend aus Fichten- oder Buchenholz hergestellt wird, gewonnen. Der Zellstoff wird in Natronlauge getränkt und nachfolgend mechanisch zerfasert und durch Einwirkung von Schwefelkohlenstoff in Zellulosexanthogenat umgewandelt, das in verdünnter Natronlauge lösbar ist. Diese sogenannte Viskose wird dann durch feine Spinndüsen mit einem Durchmesser von 0,05 bis 0,09 mm gedrückt, wobei bis zu 1000 Bohrungen pro Düse vorhanden sein können, und anschließend durch ein Spinnbad geführt, wo sie erstarrt.

Tabelle 6.2. Rayonkorde

Kordkonstrution dtex		1220/2	1840/2		1840/3	2440/2
Qualität		Super II	Super II	Super III	Super II	Super III
Korddrehung/1 m		580/580	472/472	430/400	400/400	
Zugfestigkeit kond.	N	84	128	150	190	195
Bruchdehnung kond.	%	20	20	19	19,5	20
Zugfestigkeit ofentrocken	N	110	165	180	242	235
Bruchdehnung ofentrocken	%	17	17	16,5	17	17

Rayon nimmt leicht Wasser auf und verliert dabei an Festigkeit, wird aber in der Hitze durch Austrocknung fester und längt sich etwas. Gebräuchliche Rayonkorde sind in Tabelle 6.2 angegeben.

Polyamid 6.6

Die Rohstoffbasis von Polyamid 6.6 ist Kohle oder Rohöl. Die technischen Ausgangssubstanzen sind Adipinsäure und Hexamethylendiamin, das sogenannte AH-Salz. Das AH-Salz wird in heißem Wasser aufgelöst und gelangt in einen Polymerisationsautoklaven. Unter Hitze und Druck entsteht das Polyamid, das in Strangform abgezogen und zerschnitzelt wird. Es wird nachfolgend bei 270° bis 300°C im Vakuum aufgeschmolzen und dann durch feine Düsen gepreßt, wo es an der Luft erstarrt.

Polyamid 6.6 nimmt nur wenig Wasser auf, verliert unter Hitzeeinwirkung an Festigkeit und schrumpft unter ziemlich starker Kraftaufbringung. In Tabelle 6.3 sind übliche Polyamide 6.6 wiedergegeben.

Polyester

Die Rohstoffbasis von Polyester ist Kohle oder Erdöl. Technische Ausgangssubstanzen sind Dimethylterephthalat (DMT) und Äthylenglykol. DMT wird

Tabelle 6.3. Polyamid 6.6 (nicht gummifreundlich vorbehandelter Rohkord)

Kordkonstrution dtex		940/2	1400/2	1880/2
Korddrehung/1 m		472/472	390/390	330/330
Zugfestigkeit kond.	N	145	210	280
Bruchdehnung kond.	%	25	25	24

Tabelle 6.4. Polyester (nicht gummifreundlich vorbehandelter Rohkord)

Kordkonstrution dtex		1100/2	1100/3	1440/3	1670/2
Korddrehung/1 m		480/480	355/355	315/315	400/400
Zugfestigkeit kond.	N	160	236	305	235
Bruchdehnung	%	16	16,5	16,5	17

aufgeschmolzen und kommt mit dem Glykol in den Umesterungskessel. Die entstehende Verbindung wird in den Kondensationsautoklaven weitergeleitet, wird dann wie Polyamid strangförmig abgezogen, zerschnitzelt und nachfolgend versponnen.

Polyester nimmt ebenfalls nur sehr wenig Wasser auf, liegt in der Festigkeit zwischen Rayon und Polyamid. Tabelle 6.4 zeigt die Eigenschaften typischer Polyesterkorde.

Glas

Glas ist ein anorganischer, thermoplastischer Werkstoff. Zur Herstellung der Glasfaser für Reifenkord wird ein Kalzium-Aluminium-Borsilikat verwendet. Durch Zugabe von Metalloxyden können die Eigenschaften von Glas je nach Verwendungszweck variiert werden. Die Glasfaser wird im Düsenziehverfahren hergestellt. Das für die Reifenkorde entwickelte Glas, welches wegen seiner hohen elektrischen Isolationswerte in noch größerem Ausmaß in der Elektroindustrie angewendet wird, trägt daher die Bezeichnung E-Glas.

Auf Grund der besonderen Schmelzviskosität dieses Werkstoffes ist es möglich, aus dem geschmolzenen Material bei Temperaturen zwischen 1250° und 1300°C sehr feine Fäden zu ziehen. Die Grenze der textilen Verarbeitbarkeit von Glasfasern liegt wegen der mit größerem Faserdurchmesser stark zunehmenden Sprödigkeit bei etwa 15 μm, die im Reifenbereich verwendeten Fasern weisen einen Durchmesser von ca. 9 μm auf. Da die Glasfasern – insbesondere im Anfangsstadium der Fadenbildung – eine sehr große Oberflächenempfindlichkeit aufweisen, müssen sie durch entsprechende Avivagen (Präparation der Oberfläche) geschützt werden.

Für den beabsichtigten Einsatz der Glasfasern unter dynamischer Beanspruchung, wie dies im Reifen der Fall ist, muß eine womöglich vollständige Trennung der Fasern angestrebt werden. Dies erfolgt unter Verwendung von zugleich gummifreudigen Imprägnierungen auf Basis von Resorcin-Formaldehyd-Latex (RFL). Die Imprägnierung der Glasfäden muß noch vor dem Verzwirnen (Verkorden) und Verweben der Fäden erfolgen.

Die besonderen Eigenschaften von Glas als Reifenkord sind:

– hohe Festigkeit
– hoher Modul

Tabelle 6.5. Glaskorde (gummifreundlich präpariert)

Qualität Kordkonstruktion tex	EC 9	EC 9	EC 9
	75/5	75/5/3	75/5/4
Drehung/1 m	60	60	60
Zugfestigkeit kond. N	220	605	710
Bruchdehnung kond. %	3,5–4	3,5–4	3,5–4

– kein Schrumpf
– kein Wachstum
– hohe Wärmebeständigkeit

Der einzige Nachteil von Glasfasern ist ein im Vergleich zu anderen Chemiefasern geringere Ermüdungswiderstand bei Biegung und Stauchung. Der Einsatz von Glaskord im Reifen ist daher auf Reifenbauteile beschränkt geblieben, welche weniger einer Ermüdungsbeanspruchung ausgesetzt sind (z.B. PKW-Gürtel). Glas hat als Verstärkungsmaterial im Reifenbau nur in den USA eine gewisse Bedeutung erlangt, in Europa konnte dieses Material in diesem Anwendungsbereich nicht Fuß fassen. Aber auch in den USA zeigt Reifenkord aus Glas eine rückläufige Tendenz. Die Eigenschaften einiger Glaskorde sind Tabelle 6.5 zu entnehmen.

Aramid

Die Chemiefaser Aramid ist eine organische Polyamidfaser mit hoher Zugfestigkeit, hohem Modul, hoher Temperaturbeständigkeit, niedriger Dichte und guter Arbeitsaufnahme. Auf Grund der besonderen Eigenschaften dieser Faser im Vergleich zu den konventionellen Chemiefaserstoffen, wie z.B. Rayon, Nylon, Polyester etc. wird die Aramidfaser auch als Hochleistungsfaser bezeichnet. Der Preis dieser Faser im Vergleich zu den konventionellen Faserstoffen beträgt ein Vielfaches.

Ursprünglich für die Verstärkung von Autoreifen und anderen Gummiartikeln entwickelt, hat die Faser, von welcher in den USA die ersten Versuchsmengen 1972 auf den Markt kamen, trotz ihrer vorzüglichen Eigenschaften nicht den erwarteten Siegeszug am Reifensektor angetreten. Der Grund dürfte der hohe Faserpreis sein, welcher ein ungünstiges Preis/Festigkeitsverhältnis bewirkt und somit hohe Marktanteile, insbesonders bei Großserienreifen, verhindert. Wohl fließen in den USA, im Gegensatz zu Europa, erhebliche Mengen Aramidfasern in den Reifensektor ein, doch werden diese überwiegend in Spezialreifen verarbeitet.

Tabelle 6.6. Aramidkorde

Kordkonstruktion dtex		1670/2		1100/3		1670/3	1670/2*3
Drehung/1 m		320/320		360/360		285/285	172/172
+ Verarbeitungszustand		roh	präp.	roh	präp.	präp.	präp.
Zugfestigkeit kond.	N	620	620	675	615	820	1620
Bruchdehnung	%	5,2	4,4	6,0	5,1	4,0	4,2

roh = Rohkord
präp. = gummifreundlich präpariert

Für den Einsatz in Faser-Verbundwerkstoffen für hochbeanspruchte Teile in Luft- und Raumfahrt, Automobil-, Elektro- und Sportartikeln sowie ballistischen Schutz weist die Faser besondere Eignung auf.

Die Faser wird im Lösungsspinnverfahren hergestellt, und zwar für den Bereich der Gummiindustrie in folgenden Fadenfeinheiten:

– dtex   1100
– dtex   1260
– dtex   1670 + 1680
– dtex   2500
– dtex   3300 + 3360

Die Einzelfaser-Feinheiten liegen um 1,7 dtex, was einem Faserdurchmesser von 12 µm entspricht, Tabelle 6.6.

Stahl

Moderne LKW-Reifen sind fast ausschließlich Vollstahlreifen, beim PKW wird Stahl im Gürtel eingesetzt. Reifenstahlkord wird im Kaltziehverfahren hergestellt. Eine typische Spezifikation für einen Reifen-Kohlenstoff-Stahl ist in Tabelle 6.7 angegeben. Stahlkord wird in zwei Schritten gezogen, sodaß sein Ausgangsdurchmesser auf ca. 1/8 verringert wird. Nach jedem Ziehprozeß wird patentiert, um ein homogenes sorbitisches Gefüge zu erhalten. Während der Hitzebehandlung des Drahtes erfolgt eine Oxydation der Drahtoberfläche mit Zunderbildung. Um den Zunder zu entfernen, muß der Draht gebeizt werden. Dies erfolgt üblicherweise durch Tauchen des Drahtes in verdünnter Schwefelsäure, Abspülen und Neutralisierung der Oberfläche mit Kalk oder Borax. Letzteres dient zugleich als Schmiermittel für die nachfolgenden Ziehprozesse.

Der Draht erhält eine Messingauflage von 3–6g je 1kg Draht mit einer durchschnittlichen Zusammensetzung von 70% Cu und 30% Zn. Der vermes-

Tabelle 6.7. Spezifikation für Reifenstahl

Kohlenstoff	0,7 %
Mangan	0,5 %
Silizium	0,3 %
Chrom	< 0,05 %
Kupfer	< 0,02 %
Schwefel	< 0,03 %
Phosphor	< 0,03 %

singte Draht wird dann auf Enddurchmesser gezogen, der üblicherweise zwischen 0,15 und 0,40 mm liegt. Um eine sehr saubere Oberfläche zu erreichen, muß nachgezogen werden, wobei die Schmierung durch eine Seifenlösung erfolgt, in die der Draht und die Ziehsteine eingetaucht werden. Nach dem Ziehvorgang beträgt die Dicke der Messingschicht nur mehr 0,1 bis 0,2 μ. Der fertige Einzeldraht kommt zu den Verseil- oder Litzenmaschinen (Abb. 6.1). Bei der Litzenherstellung werden 2, 3 oder mehrere Drähte mit einer bestimmten Schlaglänge zusammengedreht. Bei der Herstellung von Seilen werden mehrere Litzen zu einem Seil zusammengedreht.

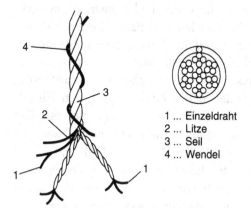

1 ... Einzeldraht
2 ... Litze
3 ... Seil
4 ... Wendel

Abb. 6.1. Verseilung von Stahlkorden

Neben Litzenkorden gibt es noch Lagenkorde und sogenannte HE – High Elongation – Korde (Abb. 6.2). Lagenkorde bestehen aus mehreren spiralig angeordneten Lagen. Alle Drähte einer Lage berühren sich entlang einer Linie. High Elongation Draht erlaubt konstruktionsbedingt eine Dehnung von 6–8%. Tabelle 6.8 zeigt eine Zusammenfassung einiger typischer Stahlkordkonstruktionen.

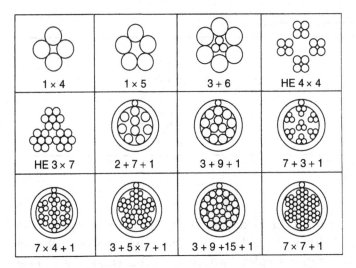

Abb. 6.2. Kordkonstruktionen im Querschnitt

Reifeneinlagedraht – Wulstkerne

Die Kraftübertragung zwischen Reifen und Felge erfolgt über den Reifenwulst. Dieser muß daher einen festen Sitz des Reifens auf der Felge gewährleisten. Angepaßt an die Reifengröße, deren Bauart, dem gedachten Einsatzgebiet und der zu erwartenden Belastung, weisen die Drahteinlagen, die im Wulst eingesetzt werden, unterschiedliche Zugfestigkeiten und Konstruktionsmerkmale auf (Abb. 6.3). Die Palette reicht vom leichten Fahrradreifen bis zum schweren Nutzfahrzeugreifen. Demgemäß sind die Wulstkerne im allgemeinen für Zugspannungen zwischen 0,5 und 35t ausgelegt, welche bei Spezialreifen noch überschritten werden. Die Auslegung der Festigkeit des Wulstkernes erfolgt über die verwendete Drahtqualität, deren Zugfestigkeit, den Einzeldrahtdurchmesser sowie die Anzahl der Drähte im Paketquerschnitt. Die verwendeten Drahtqualitäten sind im allgemeinen hartgezogene Kohlenstoffstähle höherer Güte im mittleren oder hochfesten Bereich, Tabelle 6.9.

Die Zugfestigkeit von Reifenlagedrähten hängt nicht nur von der verwendeten Stahlzusammensetzung, sondern auch von der Anzahl der Ziehstufen (Orientierung des Stahlgefüges) und dem erreichten Enddurchmesser ab.

Pearce- oder Paketkern

Diese nach seinem Erfinder bekannte Wulstkernkonstruktion ist wohl die älteste und auch heute noch am häufigsten zur Anwendung kommende Kernausführung. Es werden bei dieser Ausführung 2 oder mehrere Runddrähte, meist in den alternativen Drahtdurchmessern 0,89, 0,94 oder 0,96mm mit Gummi umspritzt und in 2 oder mehreren Lagen übereinander gewickelt. Eine

Tabelle 6.8. Stahlkordkonstruktionen

Kordkonstruktion	Korddurchmesser mm	Bruchlast in N	Kordkonstruktion	Korddurchmesser mm	Bruchlast in N
3 × 0,25	0.53	360	7 × 3×0.15	0.90	890
4 × 0,22+0, 15	0.80	395	7 × 3×0.15+0.15	1.18	890
4 × 0,25	0.60	475	7 × 3×0.175+0.15	1.33	1250
2 + 2 × 0,25	0.54/0.74	475	3 + 9 + 15×0.175+0.15	1.34	1600
0,15 + 4 ×0,25	0.65	530	3 + 9 + 15×0.22+0.15	1.62	2475
4 × 0,28	0.66	600	7 × 4 × 4×0.175	1.25	1630
5 × 0,22	0.59	470	7 × 4×0.175+0.15	1.49	1630
5 × 0,25	0.67	595	7 × 4×0.22	1.57	2475
2 + 7 × 0,22+0,15	1.08	870	7 × 4×0.22+0.15	1.81	2475
3 × 3×0,15	0.63	390	3 + 5 × 7×0.15+0.15	1.48	1620
3 × 0,15+6 × 0,27	0.85	930	7 × 7×0.22+0.15	2.24	4400
3 × 0,20+6×0,35	1.13	1500	27cc×0.175+.015	1.35	1620
3 × 0,20+6 × 0,38	1.19	1670	27cc×0.22+0.15	1.65	2525
3 × 0,20+6×0,38+0,15	1.46	1670	3 × 4×0.22 HE	1.17	830
4 × 3×0,175	0.84	685	4 × 4×0.22 HE	1.35	1130
3 + 9 × 0,175+0,15	1.00	740	3 × 7×0.175 HE	1.20	970
3 + 9 × 0,22+0,15	1.18	1130	3 × 7×0.22 HE	1.51	1580

cc compact cord;
HE high elongation.

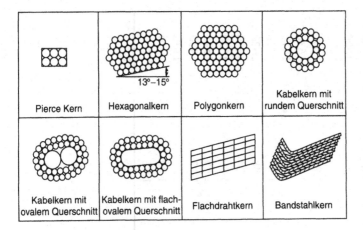

Abb. 6.3. Wulstkerne

Tabelle 6.9. Stahlspezifikationen für Kerndrähte

	Mittlere Qualität	Hochfeste Qualität	Qualität mit besserer Schweißfähigkeit[+]
C	0,62–0,67	0,68–0,73	0.45–0.55
Mn	0,50–0,70	0,50–0,70	0,30–0,55
Si	0,15–0,30	0,15–0,30	0,10–0,30
P max	0,04	0,40	0,025
S max	0,04	0,40	0,025
Cu, Cr,			
Ni	Spuren	Spuren	Spuren

[+] Z.B. für Fahrradreifen, welche stumpfgeschweißte Singledrahtringe verwenden.

sehr feine Abstimmung der für den Wulst benötigten Zugfestigkeiten wird dadurch ermöglicht. Diese Kernausführung hat sich in praktisch allen Bereichen des Reifenbaues vom Fahrrad- über den PKW- bis zum schweren Nutzfahrzeugreifen bewährt.

Kurzbezeichnung: z.B. 330 mm / 3 × 2 × 0,89
Ring-Innendurchmesser(mm) /Anzahl der Drähte × Anzahl der Wickellagen × Drahtdurchmesser(mm).

Hexagon- /Polygonkern

Bei dieser Kernausführung wird ein mit Gummi umspritzter Einzeldraht auf einem Winkel- bzw. Formring mit dem auf die Reifendimension abgestimmten Durchmesser sechs- bzw. vieleckig gewickelt. Der Paketquerschnitt wird so gewählt, daß dieser entweder flache oder annähernd runde Form aufweist. Die beschriebene Aufbauart ermöglicht es, daß durch eine vorwählbare Neigung der Wickellagen des Drahtes von z.B. 13–15°, der Innenumfang des Ringes eine bessere Anpressung des Reifenfußes an die Felge (Steilschulterfelge) ergibt. Entsprechend dem Einzeldrahtdurchmesser, der verwendeten Drahtqualität und der Anzahl der Drahtlagen kann die gewünschte Festigkeit in breiten Grenzen eingestellt werden.

Kabelkerne

Diese Wulstkerne können einen runden, ovalen oder flachovalen Querschnitt aufweisen. Der Aufbau der Kerne erfolgt so, daß entweder über eine vorgeformte stumpf geschweißte Seele aus einem oder zwei Runddrähten oder auch aus einem Flacheisen, mehrere Lagen Draht nach vorgegebenem Schema gewickelt werden. Der für den Kernaufbau benötigte Seelenring wird entweder aus Eisendrähten, Stahldrähten oder Bandstahl gefertigt. Die Auswahl des Materials wird durch die Verarbeitungstechnologie bei der Kernherstellung und die gewünschte Endfestigkeit des Kernes bestimmt.

Flachdrahtkern

Bei dieser Konstruktion wird nicht wie bei den vorgenannten Kernkonstruktionen Runddraht, sondern rechteckig gewalzter blanker Stahl mit einem Querschnitt von z.B. $3 \times 1,5$ mm, sogenannter Flachdraht, verwendet. Dieser Flachdraht liegt im Festigkeitsbereich um $1800 \, \text{N/mm}^2$. Die Herstellung erfolgte derart, daß mehrere nebeneinander liegende blanke Drähte mit einer Schräge von ca. 15°, d.h. angepaßt an eine Steilschulterfelge, übereinander gewickelt werden. Es entsteht ein dichtes Paket von eng aneinanderliegenden Drähten mit sehr hoher Steifigkeit. Das Drahtpaket wird mit Klammern abgebunden.

Profilpaket – Bandstahlkern

Dieser Kern verwendet blanken Federbandstahl mit rechteckigem Querschnitt von z.B. $20 \times 0,5$ mm mit einer Festigkeit von ca. $1600 \, \text{N/mm}^2$. Der verwendete Bandstahl kann vor dem Wickeln durch Verformung mit einem gewünschten Profil versehen werden. Je nach Fertigungsart kann der Bandstahl vor dem Wickeln auch noch in eine Gummihaftlösung getaucht werden. Ähnlich wie beim Flachdrahtkern wird durch die Packungsdichte hohe Festigkeit und hohe Steifigkeit bei geringem Paketquerschnitt erreicht.

7 Herstellung von Halbzeugen

Platten

Platten werden auf Kalandern hergestellt. Der Kalander ist im Prinzip ein Walzwerk mit übereinander liegenden Walzen (Abb. 7.1). Die Antriebsleistung eines Plattenkalanders beträgt rund 220kW, bei einer Herstellgeschwindigkeit von max. 25 m/min. Die Verarbeitungstemperatur beträgt ≈110°C, darf jedoch 120°C nicht überschreiten.

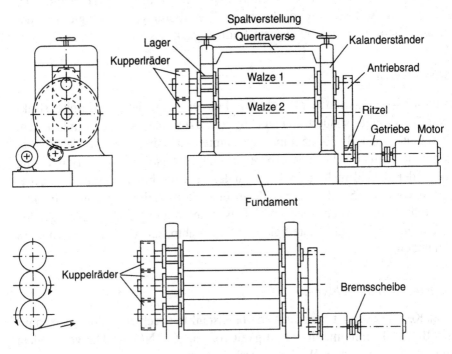

Abb. 7.1. Plattenkalander mit 2- bzw. 3 Walzen

Dem Plattenkalander vorgeschaltet sind im allgemeinen mehrere Walzwerke und eventuell ein Brecher (Abb. 7.2). Der Brecher ist ein kleines und sehr stabiles Walzwerk mit einer Riffelung der Walzen in axialer Richtung, um das kalte Mischgut sicher einziehen zu können. Der Brecher bringt das Mischgut nach ein- bis zweimaligem Durchlauf auf ein Temperaturniveau, welches den problemlosen Einzug im Walzwerk ermöglicht. Mit der Fellbildung bestehen dann auch keine Probleme mehr.

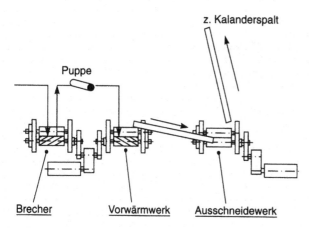

Abb. 7.2. Vorwärmstrang

Meist sind drei Walzwerke vorgeschaltet. Das Vorwärmwerk I und II sowie das Einteilwerk. Vom Brecher kommt die Mischung direkt ins Vorwärmwerk I und von dort wird ein Streifen stetig ins Vorwärmwerk II geführt. Dieser Streifen kann in seiner Breite manuell oder automatisch geregelt werden, sodaß das Vorwärmwerk II nicht „überfüllt" wird. Die Überfüllung eines Walzwerkes würde einen größeren Rollwulst bedeuten, und dieser würde wiederum zu höherer Temperatur führen.

Im Einteilwerk werden Mischungen zugegeben, die rezeptmäßig der Originalmischung entsprechen, jedoch im Zuge des Produktionsprozesses als Reststücke anfallen. Man versucht, diese rückgelieferten Mischungen, technischer Rücklauf genannt, möglichst gleichmäßig mit der Originalmischung zu verschneiden.

Die Durchmischung von Original- und Rücklieferungsmischung erfolgt im Vorwärmwerk II. Vom Vorwärmwerk II führt ein manuell oder automatisch geregelter Streifen stetig in den Kalander.

Das Mischgut wird direkt in den oberen Walzenspalt eingeführt. Entsprechend der Plattenbreite wird die Arbeitsbreite durch Backen eingestellt. Im oberen Walzenspalt entsteht eine kleine Rollwulst, die eine gewisse Materialreserve darstellt. Die Platte wird im oberen Walzenspalt vorkalibriert, läuft dann über die mittlere Walze in den unteren Walzenspalt ein und erhält hier ihre genaue Dicke. Sie wird dann um die untere Walze herumgeführt und läuft über eine große, wassergekühlte Trommel. Danach wird sie in Rollen, mit einem Durchmesser, wie er für die Aufbaumaschinen benötigt wird, aufgerollt (Abb. 7.3).

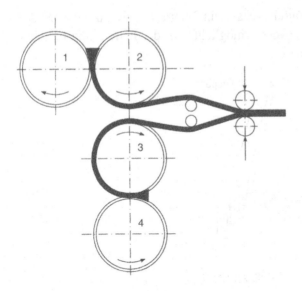

Abb. 7.3. Plattenausformung

Die Dicke der hergestellten Platten beträgt im allgemeinen 0,5 bis 2 mm, die Breite bis ca. 100 cm. Auf dem Plattenkalander werden Innenplatten und Aufpreßplatten für die Stahlkord-(STC)-Kaltgummierung hergestellt. Die Innenplatte für PKW-Reifen wird häufig unmittelbar nach der Herstellung auf die erste Karkaßlage doubliert. Dadurch wird bei der Konfektion ein Arbeitsgang eingespart; allerdings ist dann die Stoßausbildung etwas schwieriger.

Profile

Profilkalander werden für kleine Querschnitte eingesetzt und Spritzmaschinen für große.

Profilkalander

Auf einem Profilkalander können auch sehr kompliziert geformte Profile erzeugt werden, insbesondere sind spitzwinkelig auslaufende Profile herstellbar. Wird allerdings eine gewisse Dicke überschritten, welche von der verwendeten Mischung abhängig ist, dann kann das Profil nicht mehr blasenfrei auf einem Profilkalander hergestellt werden. Der Profilkalander ist meist ein Vierwalzenkalander, wobei eine Walze mit profilierten, leicht auswechselbaren Profilhosen ausgestattet ist. Profile sind demzufolge (immer) auf einer Seite eben. Normalerweise werden in einem Profilkalander mehrere Profile nebeneinander hergestellt. Die Vormaschinen sind völlig analog wie beim Plattenkalander. Die Kühlung der fertigen Profile erfolgt auf einer kurzen

Wasser- oder Luftkühlstrecke. Anschließend werden die Profile konfektions-
maschinengerecht aufgerollt.

Spritzmaschine

Während früher praktisch ausschließlich Warmspritzmaschinen eingesetzt
wurden, verwendet man heute in zunehmendem Ausmaß Kaltspritzmaschinen.
Deren Vorteil besteht vor allem darin, daß man die sehr teuren und
platzintensiven Vorwärmwerke erspart und die thermische Belastung der
Mischungen verringert wird. Während ursprünglich Kaltspritzmaschinen nur
für sehr kleine Profile verwendet wurden, gelingt es in letzter Zeit auf Grund
der Fortschritte der Spritzmaschinenhersteller, zunehmend auch größere
Profile einwandfrei zu spritzen.

Bei Kaltspritzmaschinen ist es wichtig, daß der Vorwärmvorgang, für den
normalerweise aufwendige Walzwerke verwendet werden, innerhalb der
Spritzmaschine erfolgt. Durch Ausbildung immer besserer Schneckenformen
ist es heute bereits möglich, auch relativ große und dicke Profile mit
Kaltspritzmaschinen zu spritzen; so ist es z.B. möglich, den im Kapitel
Rohbetrieb beschriebenen kontinuierlichen Innenmischer, mit einem entsprechenden Spritzkopf ausgestattet, auch für sehr dicke Profile, also beispielsweise für Laufstreifenprofile, einzusetzen (Abb. 7.4).

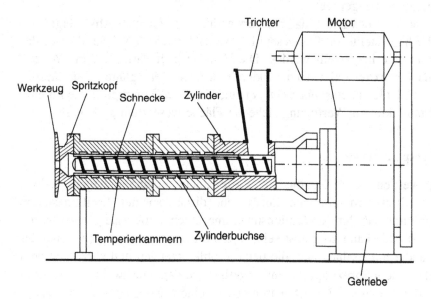

Abb. 7.4. Extruder

Während die Kaltspritzmaschine im allgemeinen eine Schneckenlänge von
14–16 × Ø hat, genügt bei Warmspritzmaschinen, bei denen ja der Vorwärm-

vorgang im Vorwärmwerk erfolgt, eine wesentlich kürzere Schneckenlänge, von max. 4,5 × Ø. Der Durchmesserbereich von heute üblichen Schnecken liegt zwischen 25 und 250 mm.

Der Spritzkopf einer Spritzmaschine muß leicht zu öffnen sein, um bei Mischungswechsel die Restmischung der vorher verarbeiteten Mischung rasch entfernen zu können. Im Spritzkopf ist außerdem die Spritzmatrize eingesetzt, die ebenfalls sehr rasch gewechselt werden kann. Die Spritzmatrize ist ein Stahlstab mit rechteckigem Querschnitt, in den das Profil eingearbeitet ist.

Analog zu den vorher erwähnten Herstellungsprozessen müssen selbstverständlich auch Profile unmittelbar nach der Herstellung gekühlt werden. Je nach ihrer Dicke werden sie entweder in Rollen gelagert, oder aber bereits auf ihre endgültige Länge geschnitten und in tassenförmigen Klapplagergestellen abgelegt. Laufstreifenprofile werden nach der Herstellung an ihrer Unterseite entweder zementiert, oder aber mit einer sogenannten Unterplatte versehen. Beide Maßnahmen dienen der Sicherung der Konfektionsklebrigkeit. Die Aufbringung der Unterplatte erfolgt über einen kleinen Dreiwalzenkalander, der kurz nach der Spritzmaschine angeordnet ist.

Nachdem die Unterplatte sehr dünn ist, handelt es sich hier meist um kleine Mischungsmengen, die aufgebracht werden müssen, daher wird häufig als Vorwärmwerk für den Unterplattenkalander eine kleine Kaltspritzmaschine eingesetzt. Die Unterplatte wird mit Hilfe von über dem Kalander angeordneten scheibenförmigen Walzen, die dem Profil des Laufstreifens folgen können, zusammengepreßt.

Es ist noch zu erwähnen, daß bei Verwendung von gleichen Mischungen am Kalander hergestellte Profile wesentlich besser kleben als solche, die auf der Spritzmaschine hergestellt werden. Die Ursache liegt darin, daß die Walzen der Kalander extrem glatt sind, wodurch auch ein sehr glattes Gummiprofil entsteht. Es ist leicht einsehbar, daß bei einem glatten Gummiprofil die für eine Verklebung aktiv zur Verfügung stehende Fläche wesentlich größer ist.

Doublierspritzmaschine

Häufig werden Bauteile, die im Reifen nebeneinander liegen, jedoch unterschiedliche Mischungen aufweisen, direkt an der Spritzmaschine doubliert, um auf der Konfektionsmaschine einen Arbeitsgang einzusparen (Abb. 7.5). Das kann so gelöst sein, daß zwei Spritzmaschinen hinter- oder übereinander angeordnet sind, die beide Profile erzeugen und kurz nach dem Austritt aus dem Spritzkopf zusammengeführt werden. Die zweite Möglichkeit besteht darin, daß zwei Spritzmaschinen in einem gemeinsamen Spritzkopf arbeiten. Bei so einer Anlage ist die Ausbildung des Spritzkopfes sehr kompliziert, weil ja die Materialien bis knapp vor die Spritzleiste getrennt geführt werden müssen, wobei der Profilverlauf in der Doublierstelle ebenfalls unterschiedlich sein kann.

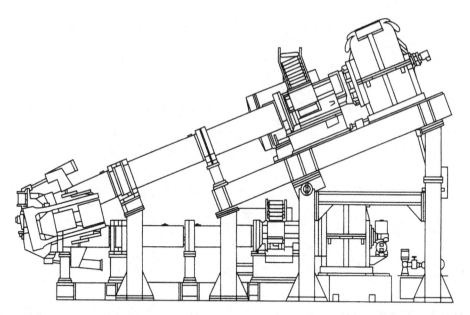

Abb. 7.5. Doublierspritzmaschine

Der Vorteil der zuerst erwähnten Anlage besteht darin, daß keine gegenseitige Beeinflussung der beiden Profile bei der Herstellung erfolgt und dementsprechend ein definierter Verlauf der Doublierzone hergestellt werden kann. Der Vorteil der zweiten erwähnten Anlage liegt darin, daß durch die Doublierung keine zusätzlichen geometrischen Ungenauigkeiten während des Doubliervorganges entstehen und vor allem an der Doublierstelle keine Unstetigkeit möglich ist.

Der Nachteil dieser Anlagen besteht vor allem darin, daß Rücklieferungen, die aus dem Einstellvorgang oder aus der Konfektion kommen (Restmengen), nicht ohne weiteres wieder eingesetzt werden können, weil ja nunmehr zwei unterschiedliche Materialien zu einem einzigen untrennbaren Stück zusammengearbeitet wurden. Für solche Mischungen ist es meist notwendig, eigene Aufarbeitungsrezepturen zu entwickeln.

Heute werden neben Doublier- auch Triplier- und sogar Quatuormaschinen eingesetzt.

Textilgummierung

Durch den ständigen Rückgang der Diagonalreifenproduktion verliert die Textilgummierung immer mehr an Bedeutung. Bei Radialreifen ist die Textilgummierung nur für die Radiallage von PKW-Reifen erforderlich. Der für die Textilgummierung notwendige Kalandertrain ist die größte und teuerste Maschine jeder Reifenfabrik (Abb. 7.6).

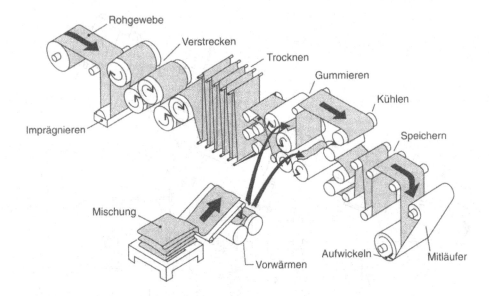

Abb. 7.6. Textilkalander

Verarbeitet werden große, in einer Kordfabrik hergestellte Ballen, die 900 bis 1.600 m Gewebe beinhalten. Der Kord wird in einer Latexlösung imprägniert, anschließend in einer Trockenanlage bei ca. 100°C getrocknet, am Kalander beiderseitig mit einer Gummiplatte belegt und schließlich wieder zwischen Gewebemitläufern aufgerollt.

Der Textilkalander hat 4 Walzen. Im oberen Walzenspalt wird die obere Platte, im unteren Walzenspalt die untere Platte vorkalibriert. Im mittleren Walzenspalt werden beide Platten auf das Textilgewebe gleichzeitig aufgepreßt. Die Platten haben eine Stärke von etwa 0,4 bis 0,7 mm.

Aus Gründen der Reifengleichförmigkeit, aber auch auf Grund der großen Kosten, die auch bei relativ geringen Plusabweichungen entstehen, müssen diese Platten sehr genau hergestellt werden. Dementsprechend werden obere und untere Platte ständig mit Hilfe einer radioaktiven Meßeinheit vor dem Einlauf in den mittleren Walzenspalt gemessen und sofort, wenn nötig, die Dicke nachgeregelt.

Obwohl jede einzelne Walze einen Durchmesser von $\approx$ 700 mm hat, bei einer Breite von etwa 1,8 m und einer Breite der hergestellten Stoffballen von ca. 1,5 m, spielt die Walzendurchbiegung eine wesentliche Rolle und muß ausgeglichen werden. Die Durchbiegung liegt in der Größenordnung von 0,08 mm. Durch Biegeausgleich wird eine Planparallelität von ± 0,01 mm erreicht. Der Biegeausgleich erfolgt durch entsprechendes „Bombieren" der

Walzen und durch Verschränken der Walzen (Roll crossing), oder durch Walzenbiegeeinrichtungen (Roll bending).

Um stetig arbeiten zu können, sind am Anfang und am Ende des Kalandertrains Speichereinrichtungen erforderlich, die während des Ballenwechsels ohne Geschwindigkeitsverringerung das erforderliche Gewebe liefern, bzw. den aufgepreßten Kord speichern können.

Der Kalandertrain ist eine der wenigen Anlagen, die häufig mit sogenannter Warmverarbeitung arbeiten. Warmverarbeitung bedeutet, daß die Mischung nach dem Kneterdurchgang nicht auf Raumtemperatur abgekühlt wird, sondern ohne Kühlung direkt in ein ausschließlich Speicherzwecken dienendes Walzwerk geführt wird, um dann direkt in den Walzenspalt weitergeleitet zu werden.

Der Nachteil der Warmverarbeitung liegt vor allem darin, daß zwei Großmaschinen im gleichen Zyklus arbeiten müssen und dadurch praktisch immer eine (meist der Kneter) nicht ausgelastet werden kann.

Grundsätzlich ist es jedoch möglich, daß der Gewebeaufpreßkalander mit Vorwärmwerken ausgestattet wird und im Kaltprozeß arbeitet. Die Arbeitsgeschwindigkeit beträgt 50–60 m/min, die Antriebsleistung des Kalanders 230 kW. Die Länge der Trockenstrecke ist mit ≈ 120 m ausgelegt, was einer Verweildauer von ≥ 2 min entspricht.

Der Gewebeaufpreßkalander ist mit einer Reihe von relativ komplizierten Zusatz- und Regelungseinrichtungen ausgestattet. Zu erwähnen ist auch, daß die Verarbeitung von Reifenkord, der ja quer zum Kettfaden praktisch keinerlei Druckkräfte und nur sehr geringe Zugkräfte aufnehmen kann, relativ schwierig ist. Spezielle Einrichtungen über die gesamte Trainlänge von rund 300 m müssen dafür sorgen, daß der Abstand der einzelnen Kettfäden konstant gehalten wird. Dies ist insbesondere im Randbereich nicht ganz einfach, weil dort die Korde auf Grund der von den Schußfäden ausgeübten Zugspannungen zur Randverdichtung neigen.

Stahlkordgummierung

Auf Grund des Siegeszuges des Stahl-Radialreifens gewinnen Stahlkordaufpreßkalander ständig an Bedeutung (Abb. 7.7). In Amerika wurde und wird der Stahlkord zum Teil in verwebter Form, analog zum Textilreifenkord auf geringfügig modifizierten Textilkalandertrains aufgepreßt. Hauptnachteil dieser Methode ist, daß die Spannung des Stahlkordes im Einzeldraht nicht geregelt werden kann. Aus diesem Grund wird in Europa ausschließlich vom Grill gearbeitet, d.h. die einzelnen Drahtspulen werden auf einem Gatter aufgesteckt und jede Spule ist mit einer eigenen Bremsanlage, meist Reibbremsung, versehen. Dadurch wird es möglich, die Spannung des Einzeldrahtes zu definieren und nachzuregeln. Die Verbindung von ausgelaufenen Spulen mit der neuen erfolgt durch Schweißung (kein wesentlicher

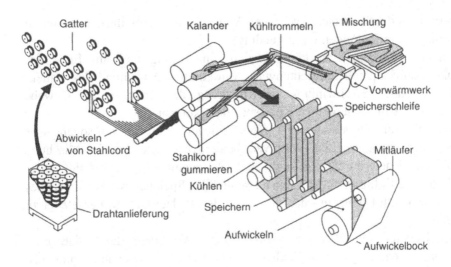

Abb. 7.7. Stahlkordgummierung

Abb. 7.8. Stahlkordkupplung

Festigkeitsverlust, jedoch keine Messingschicht an der Schweißstelle), oder durch „Chinese Finger" (Abb. 7.8), (Festigkeitsverlust, jedoch volle Messingbedeckung). Der Chinese Finger hat den Vorteil, daß die Verbindung von zwei Rollen ohne Kalanderstillstand möglich ist. Die Aufpressung des Kordes erfolgt entweder warm oder kalt. Bei Warmaufpressung entspricht der Kalandrierungsvorgang im Prinzip dem bei der Kordaufpressung. Bei der Kaltaufpressung werden Platten aus Haftmischungen vorgefertigt und dann durch einen einfachen Zweiwalzenkalander auf- und in die Stahlkorde gepreßt.

Vorteil der Warmverarbeitung:

– Verarbeitung von harten Aufpreßmischungen möglich,
– besserer Durchgriff und für
– große Serien wirtschaftlicher Prozeß.

Vorteil der Kaltverarbeitung:

– geringere thermische Belastung der Haftmischung,
– weniger Abfall bei Kalanderstillstand bei Mischungs- oder Drahtwechsel und daher
– wirtschaftlicher für kleine Serien.

Die Aufrollung des Stahlkordes erfolgt in Folien. Dadurch kann eine sehr exakte, große Rolle hergestellt werden und es wird der Luft- und Feuchtigkeitszutritt zu den sehr empfindlichen Haftmischungen verhindert.

Schneiden gummierter Lagen

Die auf den Kalandern erzeugten Textil- und Stahlkordbänder müssen vor der Weiterverarbeitung auf die für den Reifenaufbau erforderliche Breite und Winkel geschnitten werden.

Textilschneidemaschine

Der Schnitt erfolgt im allgemeinen unter einem Winkel von 0 bis 5° und auf eine Breite von 400 bis 700 mm bei PKW-Reifen. Geschnitten wird mit einem rotierenden Messer, welches auf einem schwenkbaren Balken geführt ist. Am Hinweg des Messers erfolgt der Schnitt, während des Rückweges wird das Messer abgehoben und die Textilbahn weitertransportiert (Abb. 7.9). Die geschnittenen Flügel werden meist direkt an der Schneidemaschine durch Überlappung gespleißt und in Rollen konfektionsgerecht eingedreht.

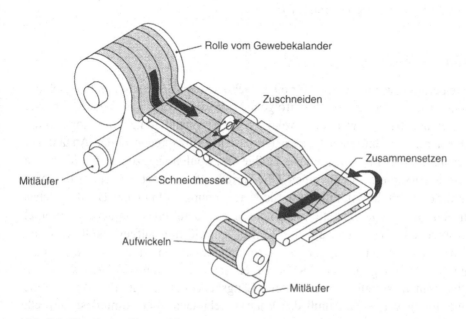

Abb. 7.9. Textilschneidemaschine

Stahlkordschneidemaschine

Der Schnitt erfolgt meist mit einer Schlagschere (Abb. 7.10). Der Schnittwinkel reicht, je nachdem, ob es sich um Radiallagen für LKW-Reifen, Wulstverstärkungen oder Gürtellagen handelt, von 0 bis ca. 70°, die Breite variiert von 20 mm bis etwa 1,2 m. Diesem großen Variationsbereich wird durch Schwenkung der gesamten Abroll- und Beschickungseinheit Rechnung getragen. Unmittelbar nach dem Schnitt wird der abgelängte Streifen abwechselnd nach rechts und links abgeführt und stumpf gespleißt und in Rollen zur Aufbaumaschine gebracht.

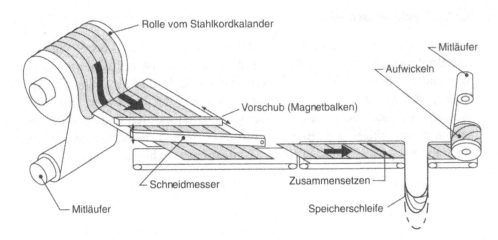

Abb. 7.10. Stahlkordschneidemaschine

Kerne

Wie bereits erwähnt, werden für die verschiedenen Konstruktionen unterschiedliche Kerne verwendet. Nachfolgend soll die wohl am meisten in der Reifenindustrie verwendete Anlage zur Kernherstellung, die sogenannte „Kernunit", beschrieben werden (Abb. 7.11). Entsprechend der Anzahl der Drähte in einer Lage werden die Drähte von Spulen abgezogen und über eine Ausgleichsschleife durch einen Querspritzkopf zu einer Kaltspritzmaschine geführt. Durch die Einhüllung in die Kermischung hält nun das Band, welches im Kern eine Lage darstellt, zusammen. Es wird auf einer einfachen Trommel entsprechend der Lagenzahl des Kernes spiralförmig aufgewickelt. Um den Zusammenhalt der Kerne an den Überlappungsstellen zu sichern, aber auch, um die Drehung um den Kern zu erleichtern, werden die Rohkerne im allgemeinen spiralig oder mittels Längsbedeckung umhüllt. Wird keine Umhüllung verwendet, muß das Ende abgebunden oder zumindest verpreßt werden.

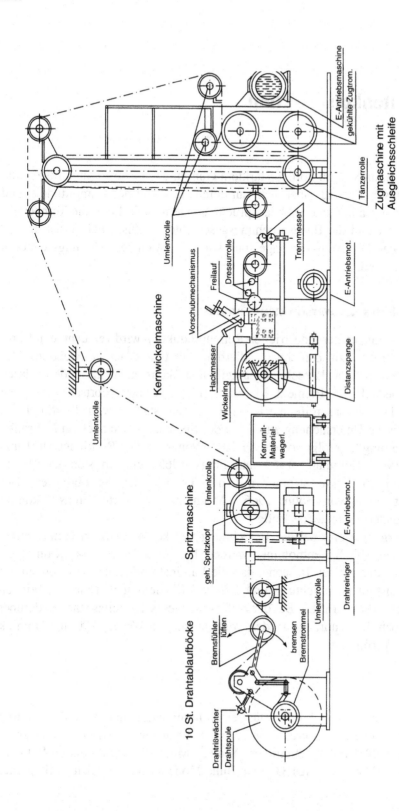

Abb. 7.11. Kernunitanlage

8 Reifenkonstruktion

Der Reifen mit seinem kordverstärktem Gummi ist anisotrop, inhomogen und viskoelastisch. Er wird daher nicht nur durch die Verformungsamplitude ε_0 und die Spannungsamplitude σ_0 beansprucht, sondern auch durch die Temperatur T, die Zeit t und die Beanspruchungsgeschichte G. Zusätzlich finden in den Vulkanisaten Diffusionsvorgänge statt, wie z.B. durch den Alterungsschutz in der Seitenwand.

Mechanik des kordverstärkten Gummis

Seit den Anfängen der industriellen Reifenproduktion wird versucht, den Kord/Gummi-Verband zu berechnen, allerdings erst seit der Verwendung des Computers in den Berechnungsabteilungen können, insbesondere durch Einsatz der „Finite Element Method", FEM genannt, Fortschritte erzielt werden. Die älteste reifenmechanische Arbeit stammt von Martin 1939, „Theoretische Untersuchung zur Frage des Spannungszustandes im Luftreifen bei Abplattung", gefolgt von Rotter 1949, Volterra 1953, Rodrigues 1961 und Hinton 1961. Borgmann 1963 und Frank 1965 befaßten sich jeweils im Rahmen ihrer Dissertationen mit der Theorie des Schräglaufes. Der Veröffentlichung von Böhm 1966, „Mechanik des Gürtelreifens", kommt eine besonders bedeutende Rolle zu.

Die Vorgangsweise bei der Berechnung von kordverstärkten Gummimaterialien kann Abb. 8.1 entnommen werden. Der große Vorteil von „Composite Materials" liegt in der Tatsache, daß die Laminate orientiert sein können um Hauptbeanspruchungsrichtung und Laminatorientierung in Einklang bringen zu können, Akasaka 1981. Bei der Abfassung dieses Textteiles standen darüber hinaus noch die Umdrucke zu den Vorlesungen von Weber 1990 und Huinink 1993 zur Verfügung.

Gummi

Zur Berechnung von kordverstärkten Gummimaterialien wird der Gummi meist als homogenes, isotropes, mit zwei unabhängigen elastischen Konstanten versehenes, Material angenommen: Young's Modulus E_r und Poisson Ratio ν_r, oder aber Shear Modulus G_r und Bulk Modulus K_r. Für den Fall kleiner

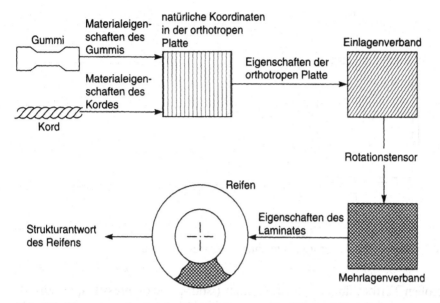

Abb. 8.1. Vorgangsweise bei der Berechnung von Kord/Gummi Verbänden

Verformungen gelten die in Gl. (8.1) angegebenen Beziehungen:

$$G_r = \frac{E_r}{2(1 + v_r)} = \frac{3K_r(1 - 2v_r)}{2(1 + v_r)} \qquad (8.1)$$

Da Gummi für kleine Verformungen nahezu inkompressibel ist, sind folgende Vereinfachungen zulässig, Gl. (8.2):

$$v_r = \frac{1}{2}$$
$$E_r = 3G_r \qquad (8.2)$$
$$K_r \Rightarrow \infty$$

Im Festigkeitsträger ist der Kord in den Gummi eingebettet. Young's Modulus und Poisson Ratio implizieren gleiche elastische Konstanten bei Dehnung und Kompression. Daraus ergibt sich der in Abb. 8.2 angegebene Spannungszustand.

Die elastischen Konstanten E_r und v_r sind die Bausteine des wohlbekannten Hook'schen Gesetzes, welches die ebenen Spannungen (σ_1, σ_2, τ_{12}) mit den ebenen Dehnungen (ε_1, ε_2, γ_{12}) verknüpft, Gl. (8.3).

$$\varepsilon_1 = \frac{\sigma_1 - v_r\sigma_2}{E_r}$$
$$\varepsilon_2 = \frac{\sigma_2 - v_r\sigma_1}{E_r} \qquad (8.3)$$
$$\gamma_{12} = \frac{\tau_{12}}{G_r}$$

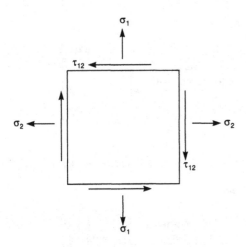

Abb. 8.2. Ebener Spannungszustand in einem isotropen Material

Bei großen Verformungen gilt für Gummi (isotrop, inkompressibel, elastisch) die Theorie von Mooney-Rivlin, Flügge 1965, Gl. (8.4).

$$\mathbf{T} = -p\mathbf{1} + \mu(1/2 + \beta)\mathbf{B} - \mu(1/2 - \beta)\mathbf{B}^{-1} \qquad (8.4)$$

In Gl. (8.4) sind **T** der Cauchy'sche Spannungstensor,
B der linke Cauchy-Green'sche Tensor,
μ die Lamé'sche Konstante,
p der hydrostatische Druck und
β eine Konstante.

Kord

Hunderte von orientierten, organischen Fasern oder Stahleinzeldrähten (verdreht oder verkabelt), aus denen ein typischer Reifenkord besteht, können nicht als homogenes isotropes Material wie Gummi betrachtet werden. Kord ist als transversal isotropes Material mit 5 elastischen Konstanten zu betrachten: Extensional Young's Modulus E_c, Extensional Poisson Ratio ν_c, Transverse Young's Modulus E_c^T, Transverse Poisson Ratio ν_c^T, Shear Modulus G_c. Meist werden aber die letzten drei Konstanten vernachlässigt.

$$E_c = \frac{E_f}{1 + 4\pi^2 R_c^2 T_c^2}$$
$$\nu_c = \frac{1}{4\pi^2 R_c^2 T_c^2} \qquad (8.5)$$

In Gl. (8.5) sind E_f der Filamentmodul,
R_c der Kordradius,
T_c die Drehung des Kordes und
E_c der Extensional Young's Modulus.

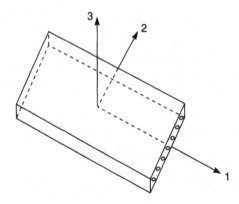

Abb. 8.3. Kalandrierte Platte mit den Spannungshauptachsen. *1* in Kordrichtung, *2* quer zur Kordrichtung, *3* normal zur kalandrierten Platte

Einlagenverband

Die kalandrierte Kord/Gummi-Platte, wie in Abb. 8.3 dargestellt, ist inhomogen, anisotrop und besitzt orthotrope Eigenschaften. Die orthotrope Platte wird durch 5 elastische Konstanten beschrieben, nämlich longitudinal Young's Modulus E_1, Transversal Young's Modulus E_2, Mayor Poisson Ratio v_1 und Secondary Poisson Ratio v_2. Zusätzlich gilt die Maxwell-Betty Beziehung, Gl. (8.6).

$$\frac{E_1}{E_2} = \frac{v_1}{v_2} \tag{8.6}$$

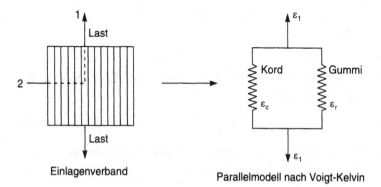

Abb. 8.4. Hook'sches Ersatzmodell zur Berechnung von E_1

Das gebräuchliche Hook'sche Ersatzmodell zur Berechnung des longitudinal Young's Modulus kann Abb. 8.4 entnommen werden. Das Hook'sche Ersatzmodell zur Berechnung des transversal Young's Modulus ist in Abb. 8.5 wiedergegeben.

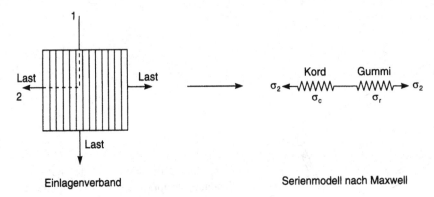

Abb. 8.5. Hook'sches Ersatzmodell zur Berechnung von E_2

Für die elastischen Konstanten kann Gl. (8.7) angegeben werden.

$$E_1 = \frac{E_c}{V_c} + E_r V_r$$

$$\frac{1}{E_2} = \frac{V_c}{E_c} + \frac{V_r}{E_r} - V_c V_r \left[\left(\frac{v_r}{E_r} - \frac{v_c}{E_c} \right)^2 \left(\frac{V_c}{E_r} + \frac{V_r}{E_c} \right)^{-1} \right]$$

$$v_1 = v_c V_c + v_r V_r \tag{8.7}$$

$$v_2 = v_1 \frac{E_2}{E_1}$$

$$\frac{1}{G_{12}} = \frac{V_c}{G_c} + \frac{V_r}{G_r}$$

In Gl. (8.8) stellt V_c das auf das Gesamtvolumen bezogene Kordvolumen dar und V_r ist das bezogene Gummivolumen.

$$V_r = 1 - V_c \tag{8.8}$$

In Gl. (8.9) sind E_c, v_c und G_c die isotropen elastischen Kordkonstanten E_r, v_r und G_r die isotropen elastischen Gummikonstanten:

$$G_c = \frac{E_c}{2(1 + v_c)}$$

$$G_r = \frac{E_r}{2(1 + v_c)} \tag{8.9}$$

Da der Kordmodul wesentlich größer als der Gummimodul und der Gummi nahezu inkompressibel sind, kann $v_r = 0,5$ gesetzt werden und damit Gl. (8.7) wesentlich vereinfacht dargestellt werden, Gl. (8.10):

$$E_1 \approx E_c V_c > E_2$$

$$E_2 \approx \frac{4E_r}{3V_r}$$

$$\nu_2 \approx 0$$

$$G_{12} \approx \frac{G_r}{V_r} \approx \frac{E_2}{4}$$

(8.10)

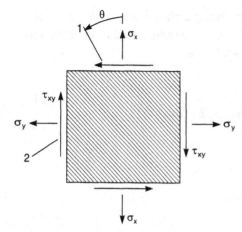

Abb. 8.6. Zusammenhang zwischen orthotropen Achsen und allgemeinen Achsen

Wegen der Lagenwinkelung stimmen die Hauptachsen der orthotropen Platte nicht mit den Hauptachsen im Reifen überein. Daher muß der Winkel Θ berücksichtigt werden (Abb. 8.6). Die Spannungs/Dehnungs-Beziehungen für die orthotrope Platte bezogen auf die x-y Achsen sind Gl. (8.11) zu entnehmen.

$$\left\{ \begin{array}{c} \sigma_x \\ \sigma_y \\ \tau_{xy} \end{array} \right\} = \left[\begin{array}{ccc} E_{xx} & E_{xy} & E_{xs} \\ E_{xy} & E_{yy} & E_{ys} \\ E_{xs} & E_{ys} & E_{ss} \end{array} \right] \left\{ \begin{array}{c} \varepsilon_x \\ \varepsilon_y \\ \gamma_{xy} \end{array} \right\}$$

$$\left\{ \begin{array}{c} \varepsilon_x \\ \varepsilon_y \\ \gamma_{xy} \end{array} \right\} = \left[\begin{array}{ccc} C_{xx} & C_{xy} & C_{xs} \\ C_{xy} & C_{yy} & C_{ys} \\ C_{xs} & C_{ys} & C_{ss} \end{array} \right] \left\{ \begin{array}{c} \sigma_x \\ \sigma_y \\ \tau_{xy} \end{array} \right\}$$

(8.11)

$$\{\sigma_x\} = [E]\{\varepsilon_x\}$$
$$\{\varepsilon_x\} = [C]\{\sigma_x\}$$

In der Gl. (8.11) sind [E] die Steifigkeitsmatrix und [C] die Compliancematrix, in welchen die Elemente durch die Therme E_1, E_2, ν_1, ν_2, G_{12} und den Winkel Θ definiert sind. Die Elemente der Steifigkeitsmatrix können entsprechend

Gl. (8.12) näherungsweise dargestellt werden:

$$E_{xx} \approx E_2 + E_1 \, cos^4 \, \Theta$$

$$E_{yy} \approx E_2 + E_1 \, sin^4 \, \Theta$$

$$E_{ss} \approx \frac{E_2}{4} + E_1 \, sin^2 \, \Theta \, cos^2 \, \Theta$$

$$E_{xy} \approx \frac{E_2}{2} + E_1 \, sin^2 \, \Theta \, cos^2 \, \Theta \qquad (8.12)$$

$$E_{xs} \approx -E_1 \, sin \, \Theta \, cos^3 \, \Theta$$

$$E_{ys} \approx -E_1 \, sin^3 \, \Theta \, cos \, \Theta$$

Wenn die Einlage mit einer Spannung σ_x beaufschlagt wird, so dehnt sie sich in x-Richtung und zieht sich in y-Richtung zusammen. Dabei entsteht eine Schubspannung γ_{xy}, wie in Gl. (8.13) beschrieben:

$$\gamma_{xy} = C_{xs}\sigma_x$$

$$C_{xs} = \frac{2}{E_2} \, sin \, \Theta \, cos^3 \, \Theta \, (2 - tan^2 \, \Theta) \qquad (8.13)$$

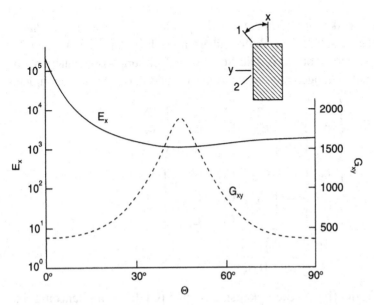

Abb. 8.7. Darstellung von E_x und G_{xy} bei Veränderung des Kordwinkels Θ für 840/2 Nylon/Gummi-Verband

Die Darstellung der elastischen Konstanten E_x und G_{xy} im Reifenkoordinatensystem bei Variation des Schnittwinkels Θ ist in Abb. 8.7 angegeben. Die Darstellung der elastischen Konstanten ν_{xy} und ν_{yx} im Reifenkoordinatensystem bei Variation des Schnittwinkels Θ entnehme man Abb. 8.8.

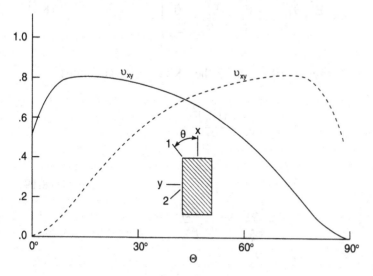

Abb. 8.8. Darstellung von ν_{xy} und ν_{yx} bei Veränderung des Kordwinkels Θ für 840/2 Nylon/Gummi-Verband

Mehrlagenverband

Die orthotropen, elastischen Konstanten einer 2-lagigen Platte lassen sich nach der klassischen Laminat Theorie berechnen, wobei die Scherdeformation zwischen den Lagen zunächst nicht berücksichtigt wird. Das Elastizitätsgesetz für die beiden Lagen mit den Winkeln $\pm\Theta$ ist in Gl. (8.14) angegeben:

$$\begin{aligned}
\{\sigma_x^{(1)}\} &= [E(-\Theta)]\{\varepsilon_x^{(1)}\} \\
\{\sigma_x^{(2)}\} &= [E(\Theta)\{\varepsilon_x^{(2)}\}
\end{aligned} \tag{8.14}$$

Unter der Annahme, daß für die Verformung Gl. (8.15) und für den mittleren Spannungsvektor Gl. (8.16) gelten, kann Gl. (8.17) angegeben werden.

$$\{\varepsilon_x^{(1)}\} = \{\varepsilon_x^{(2)}\} \equiv \{\varepsilon_x\} \tag{8.15}$$

$$\{\sigma_x\} = \frac{\{\sigma_x^{(1)}\} + \{\sigma_x^{(2)}\}}{2} \tag{8.16}$$

$$\{\sigma_x\} = \frac{1}{2}\{[E(-\Theta)] + [E(\Theta)]\}\{\varepsilon_x\} \equiv [E^*(\Theta)]\{\varepsilon_x\} \tag{8.17}$$

$[E^*(\Theta)]$ stellt die Steifigkeitsmatrix einer Zweilagenschicht dar, wie sie in Gl. (8.18) angegeben ist:

$$[E^*(\Theta)] = \begin{bmatrix} E_{xx}^* & E_{xy}^* & 0 \\ E_{xy}^* & E_{yy}^* & 0 \\ 0 & 0 & E_{ss}^* \end{bmatrix} \tag{8.18}$$

In Gl. (8.19) sind die dazugehörigen elastischen Konstanten angeführt:

$$E_x = E_{xx}^* - \frac{(E_{xy}^*)^2}{E_{yy}^*}$$

$$E_y = E_{yy}^* - \frac{(E_{xy}^*)^2}{E_{xx}^*} \tag{8.19}$$

$$v_x = \frac{E_{xy}^*}{E_{yy}^*}; \; v_y = \frac{E_{xy}^*}{E_{xx}^*}$$

$$G_{xy} = E_{ss}^*$$

Die explizite Formulierung kann Gl. (8.20) entnommen werden:

$$E_x = \frac{E_1 E_2 (sin^4\ \Theta - sin^2\ \Theta\ cos^2\ \Theta + cos^4\ \Theta) + \dfrac{3E_2^2}{4}}{E_1\ sin^4\ \Theta}$$

$$E_y = \frac{E_1 E_2 (sin^4\ \Theta - sin^2\ \Theta\ cos^2\ \Theta + cos^4\ \Theta) + \dfrac{3E_2^2}{4}}{E_1\ cos^4\ \Theta}$$

$$v_x = \frac{E_1 sin^2\ \Theta\ cos^2\ \Theta + \dfrac{E_2}{2}}{E_1\ sin^4\ \Theta + E_2} \tag{8.20}$$

$$v_y = \frac{E_1 sin^2\ \Theta\ cos^2\ \Theta + \dfrac{E_2}{2}}{E_1\ cos^4\ \Theta + E_2}$$

$$G_{xy} = E_1\ sin^2\ \Theta\ cos^2\ \Theta + \frac{E_2}{4}\ cos^2\ (2\ \Theta)$$

Die Maxwell-Betty Beziehung gilt weiterhin. Wenn zwischen den beiden bewährten Lagen eine Gummiplatte liegt, so wird zwar nicht die Dehnsteifigkeit des Verbundkörpers beeinflußt, es treten aber zwischen den Lagen Scherspannungen auf, wie in Gl. (8.21) angegeben.

$$\left(\frac{\partial N_x^{(i)}}{\partial x}\right) + \left(\frac{\partial N_{xy}^{(i)}}{\partial y}\right) = (-1)^i p_x$$

$$\left(\frac{\partial N_{xy}^{(i)}}{\partial x}\right) + \left(\frac{\partial N_y^{(i)}}{\partial y}\right) = (-1)^i p_y$$

$$\left(\frac{\partial}{\partial x}\right)(Q_x^{(1)} + Q_x^{(2)} + \overline{Q_x}) + \left(\frac{\partial}{\partial y}\right)(Q_y^1 + Q_y^2 + \overline{Q_y}) = q$$

$$\left(\frac{\partial M_x^{(i)}}{\partial x}\right) + \left(\frac{\partial M_{xy}^{(i)}}{\partial y}\right) = Q_x^{(i)} + p_x \frac{h}{2}$$

$$\left(\frac{\partial M_{xy}^{(i)}}{\partial x}\right) + \left(\frac{\partial M_y^{(i)}}{\partial y}\right) = Q_y^{(i)} + p_y \frac{h}{2}$$

$$\overline{Q_x} = -p_x \overline{h}$$

$$\overline{Q_y} = -p_y \overline{h}$$

(8.21)

In Gl. (8.21) stellen p_x und p_y die Scherspannungen zwischen den Lagen in x- und y-Richtung dar. h ist die Dicke der bewährten Lagen und $\overline{h}$ ist die Dicke der Zwischenlage, q ist die laterale Last und Q ist die transversale Scherkraft. Die 3 Membrankräfte N und Membranmomente M sind in Gl. (8.22) wiedergegeben.

$$(N_x^{(i)}, N_y^{(i)}, N_{xy}^{(i)}) = \int_{-\frac{h}{2}}^{\frac{h}{2}} (\sigma_x^{(i)}, \sigma_y^{(i)}, \tau_{xy}^{(i)})dz^{(i)}$$

$$(M_x^{(i)}, M_y^{(i)}, M_{xy}^{(i)}) = -\int_{-\frac{h}{2}}^{\frac{h}{2}} (\sigma_x^{(i)}, \sigma_y^{(i)}, \tau_{xy}^{(i)})Z^{(i)}dz^{(i)}$$

(8.22)

Das Elastizitätsgesetz für jede Lage, ausgedrückt in Verschiebungsthermen, ist in Gl. (8.23) zu finden.

$$\begin{Bmatrix} \sigma_x^{(i)} \\ \sigma_y^{(i)} \\ \tau_{xy}^{(i)} \end{Bmatrix} = \begin{bmatrix} E_{xx}^{(i)} & E_{xy}^{(i)} & E_{xs}^{(i)} \\ E_{xy}^{(i)} & E_{yy}^{(i)} & E_{ys}^{(i)} \\ E_{xs}^{(i)} & E_{ys}^{(i)} & E_{ss}^{(i)} \end{bmatrix} \begin{Bmatrix} u_{,x}^{(i)} - z^{(i)} w_{,xx} \\ v_{,y}^{(i)} - z^{(i)} w_{,yy} \\ u_{,y}^{(i)} + v_{,x}^{(i)} - 2z^{(i)} w_{,xy} \end{Bmatrix}$$

(8.23)

Die Scherspannungen zwischen den Lagen hängen vom Schermodul der Gummilagen ab, Gl. (8.24):

$$P_x = G_r \psi_x = \frac{G_r}{\overline{h}}(u^{(2)} - u^{(1)} + H_{w,x})$$

$$P_y = G_r \psi_y = \frac{G_r}{\overline{h}}(v^{(2)} - v^{(1)} + H_{w,y})$$

(8.24)

In Gl. (8.24) sind $H = \bar{h} + h$ und ψ_x, ψ_y die Schubdehnungen in x- bzw. y-Richtung zwischen den Lagen.

Am Reifen haben wir es mit einem räumlich gekrümmten Mehrlagensystem zu tun. Die kombinierten Membran- und Biegespannungen im verallgemeinerten Hook'schen Gesetz eingesetzt, ergeben ein System von Gleichungen für Kräfte N, Momente M, mittlere Oberflächendehnung ε und Krümmungseinflüssen κ.

Viskoelastizität

So kompliziert die bisherigen theoretischen Überlegungen auch sind, eignen sie sich doch nur zur Beschreibung rein statischer Vorgänge, da der Gummi nicht elastisch, sondern viskoelastisch ist. Das heißt bei dynamischer Beanspruchung entsteht im Material ein innerer Verlust durch Erwärmung des Reifens (Abb. 8.9).

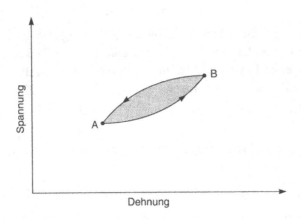

Abb. 8.9. Spannungs-Dehnungskurve eines viskoelastischen Materials

Bevor wir auf die meistens in der linearen Viskoelastizitätstheorie verwendeten Ersatzmodelle eingehen, wollen wir uns in der allgemeinsten Form mit dem Material Gummi befassen. Wir befolgen dabei die von Truesdell 1972 beschriebenen theoretischen Ansätze. Dabei wird Gummi als Material vom integralen Typus verstanden. Die Materialgleichung eines „Simple Materials" ist Gl. (8.25) zu entnehmen.

$$\mathbf{R}^T \mathbf{T} \mathbf{R} = f(\mathbf{C}) + \overset{\infty}{\underset{s=0}{\mathfrak{J}}} \left(\mathbf{G}^*(s); \mathbf{C} \right)$$

$$\mathbf{G}^*(s) = \mathbf{C}^*_{(t)}(t-s) - 1$$
(8.25)

Die Spannungen bei Simple Materials sind durch die Geschichte des ersten Raumgradienten der Deformationsfunktion determiniert. In Gl. (8.25) sind $\mathfrak{J}$

die Responsefunktion, dargestellt in Gl. (8.26), **R** der Rotationstensor, **T** der Cauchy'sche Spannungstensor und **G** der rechte Cauchy-Green'sche Tensor.

$$\underset{s=0}{\overset{\infty}{\mathfrak{J}}}(\mathbf{G}^*(s); \mathbf{C}) = \sum_{k=1}^{m} \int_0^{\infty} \cdots \int_0^{\infty} \mathbf{g}_k(s_1, \ldots s_k; \mathbf{C})[\mathbf{G}^*(s_1), \ldots \mathbf{G}^*(s_k)]ds_1 \ldots ds_k$$

(8.26)

In Gl. (8.26) ist **G** eine multilineare Tensorfunktion mit k Tensorvariablen. Der Wert von $\mathbf{G}_k(s_1, \ldots s_k; \mathbf{C})$ kann als Tensor der Ordnung 2k betrachtet werden. Ein Simple Material darf ein Material vom integralen Typus genannt werden, wenn das Funktional $\mathfrak{J}$ vom integralen Typus ist. m, welches die Integrationsgleichungen aufsummiert, wird als die Ordnung des Materials bezeichnet.

Bei Gummi gilt aber zusätzlich noch, daß Verformungen, welche in der Vergangenheit passiert sind, weniger Einfluß auf den aktuellen Spannungszustand haben, als solche, welche in jüngster Zeit passiert sind. Man bezeichnet daher Gummi auch als ein „Material with Fading Memory". $\mathbf{G}^*(s)$ ist jetzt in Gl. (8.27) definiert.

$$\mathbf{G}^*(s) = \mathbf{R}_{(t)}^T \mathbf{C}_{(t)}(t - s)\mathbf{R}_{(t)} - 1$$
$$\mathbf{G}^*(0) = 0$$

(8.27)

In Gl. (8.27) ist $\mathbf{G}^*(s)$ mit Hilfe des rechten Cauchy-Green'schen Tensors ausgedrückt. Der Wert des Funktionals $\mathfrak{J}$ ist 0, wenn $\mathbf{G}^*(s)$ gleich 0 ist Gl. (8.28).

$$\underset{s=0}{\overset{\infty}{\mathfrak{J}}}(0; \mathbf{C}) = 0$$

(8.28)

Betrachten wir die Wellenausbreitung in einem homogenen Material mit Gedächtnis, so gilt entsprechend der linearen Viskoelastizitätstheorie die Spannungs-Dehnungsbeziehung von Boltzmann, Gl. (8.29), v. Wolfersdorf 1994.

$$\sigma(x, t) - E\varepsilon(x, t) - \int_{-\infty}^{t} m(t-\tau)\varepsilon(x, \tau)d\tau$$

(8.29)

Gl. (8.29) stellt das verallgemeinerte Hook'sche Gesetz der Elastizitätstheorie dar und ist in Übereinstimmung mit dem Kausalitätsprinzip. Darin bedeuten E = G(0) den Elastizitätsmodul und m(t) = -G(t) den positiven Memory-Kern, welcher die inelastische Nachwirkung beschreibt. G ist die Spannungs-Relaxationsfunkton. In der Rheologie polymerer Materialien (Gummi) wird m vielfach als eine Summe von Exponentialfunktionen dargestellt. Vereinfachend kann das Voigt-Kelvin Modell angewendet werden (Abb. 8.4). Für die

Relaxationsfunktion gilt Gl. (8.30):

$$\epsilon(t) = \frac{1}{E}\left(1 - e^{-\frac{t}{\tau}}\right)\sigma_0 \tag{8.30}$$

In Gl. (8.30) stellt τ die Relaxationszeit dar. Die Umkehrung von Gl. (8.29) ist in Gl. (8.31) wiedergegeben:

$$E\epsilon(x.t) = \sigma(x,t) \int_{-\infty}^{t} n(t-\tau)\sigma(x,\tau)d\tau \tag{8.31}$$

$$n(t) = F(t)$$

F wird Kriechfunktion oder Retardationsfunktion genannt. Es gilt entsprechend Abb. 8.5 das Maxwell Modell, Gl. (8.32):

$$\frac{d\epsilon}{dt} = \frac{1}{G}\frac{d\sigma}{dt} + \frac{\sigma}{\eta} \tag{8.32}$$

η stellt die dynamische Viskosität dar. Wie in Abb. 8.10 zu sehen, wirken bei Elastizität die in der Vergangenheit ausgeübten Deformationen in der Gegenwart nicht nach. Die Verformungen sind vollständig reversibel. Bei Plastizität sind die Verformungen irreversibel und bleiben in der Zukunft erhalten. Bei Viskoelastizität tritt nach Anlegen einer konstanten Spannung zunächst eine elastische Dehnung auf, der eine plastische Verformung folgt. Nach Fortfall der Spannung geht die elastische Dehnung wieder zurück, die plastische Verformung bleibt dagegen erhalten (Abb. 8.11). Das viskoelastische Verhalten wird durch Scherung der Makromoleküle (Kettenmoleküle) aneinander verursacht. Bei sehr geringer Schergeschwindigkeit verhält sich ein Polymer wie eine viskose Flüssigkeit. Bei extrem hoher Schergeschwindigkeit, z.B. bei einem Schlag, verhält sich ein Polymer wie ein elastischer Festkörper. Das elastische Verhalten der Elastomere entsteht durch weitmaschige Vernetzung der Makromoleküle.

Bei harmonischer Anregung mit $\epsilon = \epsilon_0 \sin \omega t$ führt das Voigt-Kelvin Modell zu folgender Spannungsantwort, Gl. (8.33):

$$\sigma = E'\epsilon_0 \sin \omega t + E''\epsilon_0 \cos \omega t \tag{8.33}$$

Eine schematische Darstellung von Spannung und Verformung bei harmonischer Anregung gibt Abb. 8.12 wieder. Der komplexe Modul E^* und der Verlustmodul tan sind in Gl. (8.34) angegeben:

$$E^{*2} = E'^2 + E''^2$$

$$\tan \delta = \frac{E''}{E'} \tag{8.34}$$

Je nachdem, ob die Beanspruchung eines Vulkanisates unter konstanter Deformation, Gl. (8.35), konstanter Kraft, Gl. (8.36) oder konstanter

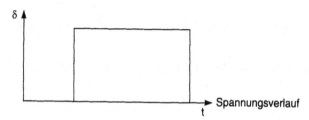

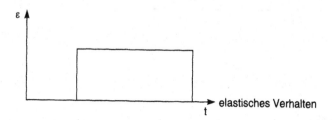

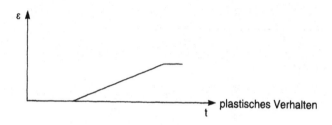

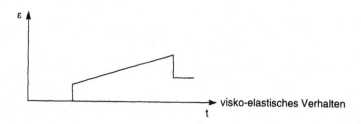

Abb. 8.10. Viskoelastisches Verhalten

Verformung, Gl. (8.37) erfolgt, läßt sich jeweils eine andere Proportionalität aus den Größen E′ und E″ für die Wärmebildung errechnen.

$$\Delta T = f(E'') \tag{8.35}$$

$$\Delta T = f(C'') = f\left(\frac{E''}{E^{*2}}\right) \tag{8.36}$$

$$\Delta T = f(tan\ \delta) = f\left(\frac{E''}{E'}\right) \tag{8.37}$$

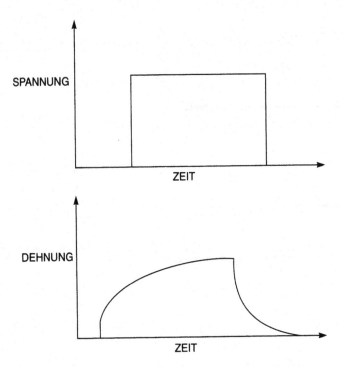

Abb. 8.11. Relaxation eines Polymers

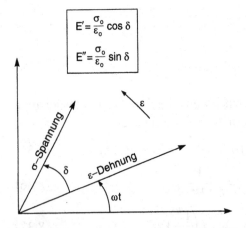

Abb. 8.12. Spannung und Verformung bei harmonischer Anregung

C'' wird als Verlustnachgiebikeit oder Verlustfaktor bezeichnet. Das linear-viskoelastiche Verhalten von Gummi läßt sich durch einfache Modelle in qualitativer Weise beschreiben, wohingegen eine quantitative Modellierung im allgemeinen die Verwendung von Modellen mit kontinuierlichen Retardationsspektren erfordert, Gl. (8.38).

$$J_\infty \psi(t) = \int_0^\infty \left(1 - e^{-\frac{t}{\kappa}}\right) d\hat{J}_{(\kappa)}$$

$$J_\infty \int_0^\infty d\hat{J}_{(\kappa)} = \hat{J}_{(\infty)} \tag{8.38}$$

Die in Gl. (8.38) stehenden Integrale sind sog. Stieltjes-Integrale. Man wandelt sie aber leicht in gewöhnliche Integrale um und führt gleichzeitig eine Normierung der Retardationsfunktion ein Gl. (8.39). Gl. (8.38) erhält mittels Gl. (8.39) die in Gl. (8.40) angegebene Form:

$$M(\kappa) = \frac{1}{J_\infty} \frac{d\hat{J}_{(\kappa)}}{d\kappa} \tag{8.39}$$

$$\psi(t) = \int_0^\infty M(\kappa)\left(1 - e^{-\frac{t}{\kappa}}\right) d\kappa \tag{8.40}$$

Wenn sich beim Gummi die physikalischen Werte sprunghaft, oft um mehrere Zehnerpotenzen, ändern, spricht man vom Übergang zum „Glaszustand"; Gummi verhält sich wie ein spröder Körper, d.h. nur „Energie-Elastizität" aufgrund von Valenzwirkungen ist möglich. Im kautschukelastischen Zustand kommen auch Umlagerungen der Polymerkettensegmente zum Zuge; man kann dies als „Entropie-Elastizität" bezeichnen. Die Temperaturabhängigkeit des Gummis ist benutzbar, um mit Hilfe von reduzierten Variablen $\omega\alpha_T$, wobei α_T nur von der Temperatur abhängt, in Teilbereichen bei verschiedenen Temperaturen gemessene Kurvenabschnitte zu einer „Masterkurve" aneinanderzustückeln. Die statistisch ungeordnete Bewegung und die mit einer Frequenz erzeugte periodische Bewegung führen trotz ihres verschiedenen Charakters zu vergleichbaren Reaktionen.

Gummi-Metallhaftung

Seit der Erfindung des Stahlreifens ist die Gummi-Metallhaftung eines der wesentlichsten Qualitätsmerkmale eines modernen Stahlreifens. Aber auch heute, nach rund vierzig Jahren Forschung auf diesem Gebiet, sind noch immer nicht alle Parameter, welche für die Gummi-Metallhaftung entscheidend sind, einwandfrei bekannt.

Maßgeblich für die Brauchbarkeit von Stahlkord-Gummi Verbundkörpern ist die ausreichende und dauernde Adhäsion zwischen Stahlkord und Gummi. Ausreichend heißt, daß die Adhäsionskräfte, die im Beanspruchungsfall in der Haftungszone auftreten, die Zug-, Druck- und Schubkräfte „verkraften" können. Dauernd besagt, daß dieses Verkraften zumindest für die Dauer des Gebrauchseinsatzes des Verbundkörpers Reifen garantiert sein muß, und zwar unter allen möglichen mechanischen, thermischen und chemischen Alterungsbedingungen, denen er bei zumutbarem Einsatz ausgesetzt ist.

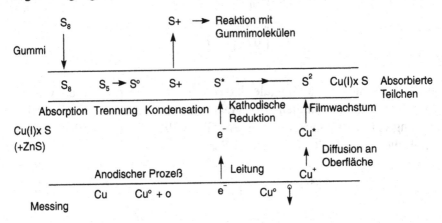

Abb. 8.13. Absorption-Kondensation von Löchern an Fehlstellen, Versetzungen, Grenzflächen, Schichtungsfehler, usw.

Abb. 8.13 bringt eine schematische Darstellung der Messing-Gummireaktion bei der Vulkanisation. Danach kommt es bei der Vulkanisation von Messing in Gummi zur Korrosion der Messingoberfläche durch Schwefel unter Bildung einer doppelten Sulfidschicht aus Cu_xS und ZnS, die an der Grenzfläche zum Gummi aus nicht-stöchiometrischem $Cu (I)_xS$, mit $x = 1,97$, besteht. Es findet eine Sulfidisierung des Messings statt. Diese

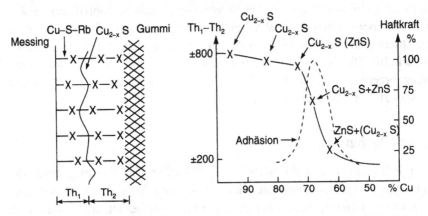

Abb. 8.14. Einfluß des Cu-Gehaltes des Messings auf die Zwischenschichtdicke und auf die Haftkraft

Cu_xS-Schicht wirkt als Haftvermittler, der das Metall an den Gummi über eine katalytische Anregung der Vernetzungsreaktion bindet.

Die Wachstumsgeschwindigkeit und die Gesamtdicke der gebildeten Sulfidschicht sind maßgebliche Kriterien für die Güte der Haftung. Abb. 8.14 zeigt, in welch engen Grenzen die Reaktionsprodukte in der Sulfidschicht auftreten müssen, um optimale Haftung zu erzielen. Dies hat zur Folge, daß einerseits das Cu-Zn Verhältnis der Messingschicht sehr genau definiert sein muß, nämlich 67–72%Cu, andererseits die Messingbeschichtung selbst möglichst dünn sein soll, um die Menge der Cu-Ionen zu begrenzen. Letztere Forderung spielt insbesondere bezüglich der Lebensdauer der Haftung eine bedeutende Rolle.

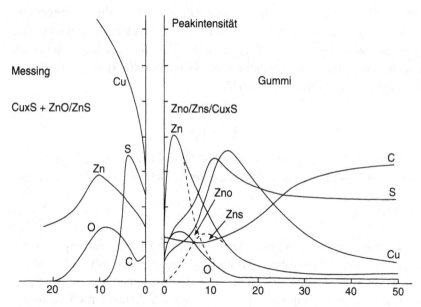

Abb. 8.15. Tiefenprofilierung einer Gummi-Messing Haftschicht

Technisch realisierbare Dicken der Messingbeschichtung liegen zwischen 130 und 200 nm, die optimale Dicke der Sulfidschicht beträgt etwa 50 bis 70 nm, wie auch Abb. 8.15, einer Tiefenprofilverteilung der in der Haftzone auftretenden Elemente, analysiert mittels XPS (X-Ray Photoelectron Spectroscopy), zu entnehmen ist.

Das heute übliche Haftungsmodell sagt also, daß es für das Erzielen einer guten Haftung darauf ankommt, daß während der Vulkanisationsphase eine in ihrer Zusammensetzung ausgewogene Sulfidschicht von $Cu_xS + ZnS$ gebildet wird, und daß diese Haftschicht im Laufe des Gebrauchseinsatzes erhalten bleibt. Es gibt allerdings eine ganze Reihe von Einflüssen, sowohl seitens des Stahlkordes wie auch seitens der Mischungsbestandteile, die entweder den Aufbau der STC-Gummihaftung be- oder verhindern, oder eine gute

Anfangshaftung abbauen, sodaß eine ausreichende Dauerhaltbarkeit nicht mehr gegeben ist.

Bruchmechanik

Bruchmechanik in Kord-Gummi Strukturen ist eine sehr komplexe Angelegenheit. Bruchmechanik im Gummi geht immer vom Energie-Erhaltungsprinzip aus. Im Falle von vulkanisiertem, mit Ruß gefülltem Gummi ist es die Verformungsenergie, welche den Bruchprozeß vorantreibt. Diese Energie ist in den Polymerketten bzw. im sekundären Netzwerk gespeichert. Ein Teil dieser Energie wird zur Brucherzeugung verwendet und der andere Teil ist dissipiert als Hysterese und wandelt sich so in Wärme um.

Ein brauchbarer Ansatz für die Bruchmechanik stellt die freigegebene Verformungsenergie pro Bruchlänge in der entsprechenden Bruchfläche dar. Diese Energie wird „Tearing Energy" genannt. Die Tearing Energy T entspricht der Abnahme der gespeicherten, elastischen Energie pro Einheitsrißlänge in der Rißoberfläche, Gl. (8.41).

$$T = -\left\{\frac{\partial W}{\partial a}\right\}_1 \tag{8.41}$$

W stellt in Gl. (8.41) die gespeicherte elastische Energie dar und a ist die Bruchfläche. Im Falle der reinen Scherung vereinfacht sich Gl. (8.41) zu Gl. (8.42):

$$T = W_0 h \tag{8.42}$$

Das Bruchverhalten läßt sich in drei Arten einteilen: Brucheinleitung, stabiles Bruchwachstum und katastrophaler Bruch. T_0 wird der „Thrash Hold Value" der Tearing Energy genannt, T_C wird als „Catastrophic Tearing Energy" bezeichnet. Bei einer Tearing Energy $< T_0$ haben wir keinen Bruch vorliegen und bei $T > T_C$ katastrophales Bruchverhalten.

Bei Kord-Gummi Verbänden ergeben sich die ersten Brüche meist an den Kordenden und von da an beginnt dann das Bruchwachstum. Der Bruch wächst dann zwischen den Lagen weiter infolge der „Interply Stresses".

Winkelgesetz

Während des Fertigungsprozesses erfahren praktisch alle Kord-Gummi Lagen Durchmesserveränderungen, die entweder durch Dehnung oder durch Veränderung des Fadenwinkels möglich werden. Der im Rohreifen eingebaute Winkel muß daher ein anderer sein als der im Fertigreifen konstruktiv erwünschte. Jede Lage wird im Zuge des Fertigungsprozesses zunächst eben hergestellt (Abb. 8.16). Dieses so entstehende Parallelogramm wird in der ersten Aufbaustufe, ohne Dehnung und Verzerrung betrachtet, zum endlosen

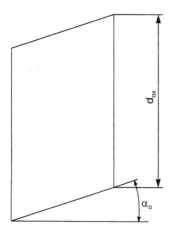

Abb. 8.16. Ursprungslage

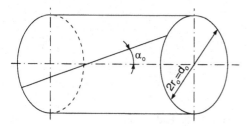

Abb. 8.17. Ursprungszylinder

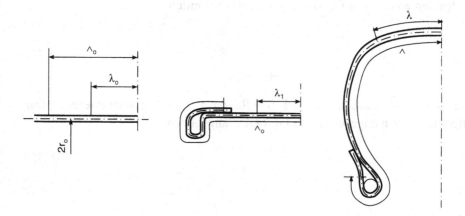

Abb. 8.18. Profilkurve

„Ursprungszylinder" geschlossen (Abb. 8.17). In Abb. 8.18 sind $\wedge_0$, $\wedge_1$ und $\wedge$ die Gesamtlängen der Profilkurven am Ursprungszylinder (Index 0), auf der Konfektionstrommel (Index 1) und im fertigen Reifen (kein Index). Analog zu den Profilkurven werden die Fadenlängen mit L_0, L_1 und L bezeichnet (Abb. 8.19), Gl. (8.43).

$$L = \int_0^{\hat{}} \frac{1}{cos\ \alpha} d\lambda$$

$$\Phi = \int_0^L \frac{sin\ \alpha}{r} dl \tag{8.43}$$

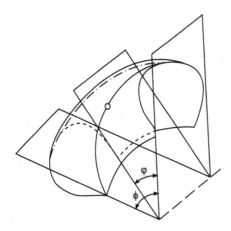

Abb. 8.19. Fadenkurve

Unter Berücksichtigung der Verlängerung v bzw. der Dehnung δ eines Fadenelementes kann Gl. (8.44) geschrieben werden:

$$v = 1 + \delta$$
$$v_1 = 1 + \delta_1 \tag{8.44}$$
$$dl = v dl_0$$

Für Stahlkord kann $v = 1$ und für Rayon $v = 1,03$ gesetzt werden. Das allgemeine Winkelgesetz ist in Gl. (8.45) angegeben.

$$v\frac{r}{r_0} = \frac{sin\ \alpha}{sin\ \alpha_0} \tag{8.45}$$

Gleichgewichtsfigur

Für den Diagonalreifen haben Hofferberth 1956 und für den Radialreifen Böhm 1967 die Berechnung der Gestalt des aufgeblasenen Reifens, „Gleichgewichtsfigur" genannt, erstmals veröffentlicht. Böhm betrachtet den Gürtelreifen als eine Schichtung von zwei Membranen, die kreuzweise bewährt sind und unterschiedliche Fadenwinkel (Gürtelindex G, Karkassindex K) aufweisen. Es wird dabei angenommen, daß der Abstand der beiden Membranen vernachlässigt werden kann. Die Abtragung des Innendruckes wird durch die Umgürtungsfunktion g(s) geregelt Gl. (8.46).

$$p = p_G(s) + P_k(s) = pg(s) + p(1 - g(s))$$
$$0 \le g(s) \le 1$$

(8.46)

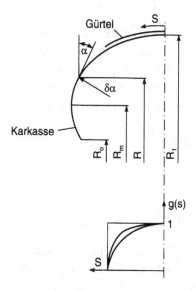

Abb. 8.20. Gleichgewichtsfigur

Die Umgürtungsfunktion g(s) ist vom Konstrukteur festzulegen (Abb. 8.20). Im allgemeinen wird man diese Funktion so wählen, daß die Lastabtragung durch den Gürtel an der Gürtelkante relativ klein ist um dann rasch anzusteigen. Nach Böhm 1967 können die Bewegungsgleichungen des Gürtels angegeben werden. Sie werden unter der Voraussetzung abgeleitet, daß der Gürtel 4 Freiheitsgrade besitzt: Verschiebung u in Reifenumfangsrichtung, axiale Deformation v, Querdeformation w und Gürteltorsion ψ. Diese 4 Größen sind als Funktion der unabhängigen Koordinate in Umfangsrichtung φ und der Zeit t angegeben, Gl. (8.47).

$$\bar{\mathbf{r}} = \mathbf{r} + \mathbf{e}_\varphi u + \mathbf{e}_r v + \mathbf{e}_b w$$
$$\varepsilon = \frac{u' + v}{a}$$

(8.47)

In Gl. (8.47) sind a der Gürtelradius und ε die Dehnung der Gürtelmittellinie. Betrachtet man kleine Verschiebungen, so lassen sich die Einheitsvektoren in Gürtellängsrichtung **t**, in Gürtelbreitenrichtung **t̄** und in Richtung der Gürtelnormale **n** angeben, Gl. (8.48).

$$\left\{ \begin{array}{c} \mathbf{t} \\ \bar{\mathbf{t}} \\ \mathbf{n} \end{array} \right\} = \left\{ \begin{array}{c} \mathbf{e}_\varphi \\ \mathbf{e}_b \\ \mathbf{e}_r \end{array} \right\} \left[\begin{array}{ccc} 1 & \dfrac{w'}{a} & \dfrac{v' - u}{a} \\ -\dfrac{W'}{a} & 1 & -\Psi \\ -\dfrac{v' - u}{a} & \Psi & 1 \end{array} \right]$$

(8.48)

Der Drehvektor **w** ist analog dem Darboux'schen Vektor einer Raumkurve in
Gl.(8.49) angegeben.

$$\mathbf{w} = \mathbf{t}\left(\frac{w'}{a^2} - \frac{\Psi'}{a}\right) + \mathbf{\bar{t}}\left(1 - \frac{v''+v}{a}\right)\frac{1}{a} + \mathbf{n}\left(\frac{W''}{a} + \Psi\right)\frac{1}{a} \qquad (8.49)$$

Die Trägheitsglieder für den rotierenden Luftreifen erhält man, indem
angenommen wird, daß die Reifenteilchen bezüglich der Umfangskoordinate
gleichartig sind und ein zeitlich variables Verformungsfeld mit einer
Winkelgeschwindigkeit Ω durchlaufen. Von einem nicht mitrotierenden
Beobachter aus gesehen ist das Verformungsfeld durch Gl. (8.50) gegeben.

$$\frac{D\bar{r}}{Dt} = \frac{Dr}{Dt} + \frac{Dv}{Dt} = e_\varphi a\Omega + \frac{Dv}{Dt}$$

$$\frac{Dv}{Dt} = \bar{v} + \Omega v'' \qquad (8.50)$$

$$\frac{D^2\bar{r}}{Dt^2} = \mathbf{b} = e_r a\Omega + \ddot{v} + 2\Omega v''$$

In Gl. (8.50) stellt D( )/(Dt) den substantiellen Differentialquotienten,
entsprechend des Euler'schen Verfahrens, dar, mit **b** als Beschleunigung der
Gürtelmitte. Der substantielle Differentialquotient des Dralles ist in Gl. (8.51)
angegeben.

$$\frac{D\delta}{Dt} = \frac{\partial\delta}{\partial t} + \frac{\partial\delta}{\partial t}\Omega \qquad (8.51)$$

Die Eigenfrequenzen eines Reifens sind in Gl. (8.52) wiedergegeben. Dabei
sind ω die Eigenfrequenz, n der Schwingungsmodul, EI_x die Biegesteifigkeit
des Gürtels, p der Innendruck, $\bar{p}$ der bezogene Innendruck beim Gürtel unter
Dehnung und F die Querschnittfläche des Gürtels.

$$\omega^2 = \left[(n^4 - n^2)\frac{EI_x}{a^4} + (p + \bar{p})(n^2 - 1)\frac{b}{a} + k_s + k_a p\right]\frac{1}{\bar{p}}\frac{1}{F} \qquad (8.52)$$

k_s und k_a sind die seitliche bzw. radiale Bettung des Gürtels. In Gl. (8.53) ist
der Bryan's Effekt dargestellt. ω_R ist die Kreisfrequenz des rotierenden Reifens
und ω_M die Kreisfrequenz des schwingenden Reifens.

$$\omega_M = \omega_R \frac{n^2 - 1}{n^2 + 1} < \omega_R \qquad (8.53)$$

$$n \geq 2$$

Ähnlichkeitsbedingungen

In der Reifenmechanik wurden die Ähnlichkeitsbedingungen durch Schuring
1977 eingeführt. Die Kräfte und Momente des mit Innendruck beaufschlagten,

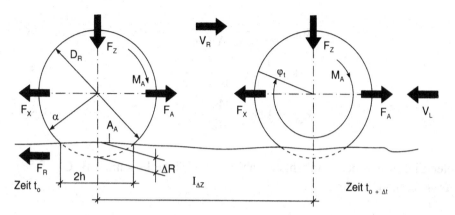

Abb. 8.21. Abgeplatteter, rollender Reifen. t_0 Zeit 0; $t_{0+\Delta t}$ Zeit 0 $+\Delta$t; F_A Antriebskraft; M_A Antriebsmoment; F_Z Radlast; F_X Rollwiderstandskraft (Vektor); F_R Rollwiderstand (Skalar); φ_t Drehwinkel während Zeit Δt; $l_{\Delta t}$ zurückgelegte Strecke während Zeit Δt; D_R Reifenaußendurchmesser; α Reifenradius; ΔR Einfederung; A_A Aufstandsfläche; V_L Luftgeschwindigkeit; V_R Geschwindigkeit; $2h$ Länge der Aufstandsfläche; Ω Reifenumdrehung; s Schlupf; R_{Dyn} dynamischer Radius

unter Last stehenden und rollenden Reifens sind in Abb. 8.21 aufgezeichnet. Zunächst betrachten wir die durch die Einfederung des Reifens generierte Energie Q_B, dann den Adhäsionsverlust Q_A und die bei der Einfederung entstehende Mikrodeformation Q_H. Die Wärme wird vom Reifen an die Luft $Q_{\lambda L}$, vom Reifen an die Felge $Q_{\lambda F}$ und vom Reifen an die Straßenoberfläche $Q_{\lambda B}$ weitergeleitet. Ist die Energie an die Luft abgegeben, muß sie durch die umgebende Luft abtransportiert werden $Q_{\alpha L}$. Gl. (8.54) gibt die Energiebilanz eines eingefederten Reifens wieder.

$$M_A \varphi_t + F_A l_t = F_x l_t + Q \qquad (8.54)$$

Die Verformungsenergie ist proportional der Spannungsamplitude $\Delta\sigma_0$, der Verformungsamplitude $\Delta\varepsilon_0$, dem betrachteten Volumen ΔV und einer viskoelastischen Funktion M_B, welche ihrerseits von der Frequenz f_B, der Temperatur T_B und der Absolutspannung σ_B abhängt. Bei periodischer Einfederung kann die Verformungsgeschichte selbst vernachlässigt werden, Gl. (8.55).

$$\Delta Q_B = \Delta Q_B [\Delta\sigma_0, \Delta\varepsilon_0, \Delta V, M_B(f_B, T_B, \sigma_B)] \qquad (8.55)$$

Gl. (8.55) kann auch dimensionslos angegeben werden, Gl. (8.56). Wenn sich die Ähnlichkeitszahl k aus Modellwert zu Basiswert zusammensetzt, Gl. (8.57), dann kann die dazugehörige Ähnlichkeitsgleichung Gl. (8.58) hingeschrieben werden.

$$\pi_{QB} = \frac{\Delta Q_{QB}}{\Delta \sigma_0 \Delta \epsilon_0 \Delta V M_B} \tag{8.56}$$

$$k = \frac{(\ )}{(\ )'} = \frac{\text{Modellwert}}{\text{Basiswert}} \tag{8.57}$$

$$k_{QB} = k_\sigma k_\epsilon k_v \frac{M_B}{M_B'} \tag{8.58}$$

Unter Einführung der Ähnlichkeitszahl für die Länge k_1 kann z.B. Gl. (8.59) hingeschrieben werden.

$$k_1 = \frac{D_R}{D_R'} \Rightarrow k_v = k_1^3;$$

$$M_B = M_B'; k_\epsilon = 1 \Rightarrow k_{QB} = k_\sigma k_1^3 \tag{8.59}$$

Wenn wir jetzt auch noch annehmen, daß Modellreifen und Basisreifen mit gleicher Last und gleichem Innendruck beaufschlagt sind, dann wird aus Gl. (8.59) Gl. (8.60). Die bei der Einfederung freiwerdende Energie hängt nur mehr von den geometrischen Daten ab.

$$k_\sigma = 1 \Rightarrow k_{QB} = k_1^3 \tag{8.60}$$

Für die Verlustenergie ergeben sich unterschiedliche Ergebnisse, je nachdem, ob bei konstanter Spannung Gl. (8.61) oder bei konstanter Verformung Gl. (8.62) geprüft wird, mit $k_{\overline{C}} = $ Ähnlichkeitsfaktor für die Reifensteifigkeit.

$$k_\sigma = 1$$

$$E_{loss}^* = \pi \sigma_0^2 \frac{E''}{E^{*2}} \tag{8.61}$$

$$k_{E_{loss}^*} = k_\epsilon^2 k_{\overline{C}} k_{V_R}$$

$$k_\epsilon = 1$$

$$E_{loss} = \pi \epsilon_0^2 E'' \tag{8.62}$$

$$k_{E_{loss}} = \frac{k_\sigma^2 k_{V_R}}{k_{\overline{C}}}$$

Der Ähnlichkeitsfaktor für die Steifigkeit ist im Falle konstanter Spannung direkt proportional und bei konstanter Verformung indirekt proportional zur Verlustenergie. Ein steifer Reifen wird daher bei großer Vorspur oder großem Sturz, also hoher konstanter Verformung, zu großer Wärmebildung neigen. Der Innendruck und die Last können als Beaufschlagung bei konstanter Spannung betrachtet werden. In diesem Fall führt ein Reifen mit hoher Steifigkeit zu niedrigem Energieverlust.

Betrachten wir das Temperaturgleichgewicht, dann muß die durch die Einfederung des Reifens generierte Energie, welche durch den Gummi an die Reifenoberfläche weitergeleitet wird, und die durch den Adhäsionsverlust und die Mikrodeformationen entstehende Energie, die gleiche sein, wie jene, welche über die Felge bzw. über die Luft abgegeben wird. Bei einem „Self Modeling Test" $(k_\varepsilon = 1,\ k_p = 1,\ k_V = 1)$ ist der Ähnlichkeitsfaktor für die Temperatur an der Reifenoberfläche proportional zur Geschwindigkeit des Reifens, Gl. (8.63).

$$k_T = k_V = \frac{k_l}{k_t}$$

$$k_l = 1 \qquad\qquad (8.63)$$

$$k_T = \frac{1}{k_t}$$

Der Ähnlichkeitsfaktor für die Temperatur ist indirekt proportional zum Ähnlichkeitsfaktor für die Aufwärmzeit. Vergleichen wir Reifen mit gleichem Volumen und gleicher Steifigkeit, können die Einflüsse von Radlast und Schräglaufwinkel angegeben werden, Gl. (8.64).

$$k_V = 1; k_{\overline{C}} = 1$$

$$k_T = k_{F_z}^2 \qquad\qquad (8.64)$$

$$k_T = k_\alpha^2$$

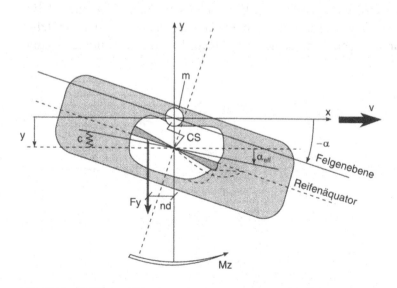

Abb. 8.22. Kräfte und Momente in der Aufstandsfläche

In Abb. 8.22 sind Seitenkraft F_y und Rückstellmoment M_Z eines unter Schräglaufwinkel α laufenden Reifens dargestellt. Dieses Modell entspricht demjenigen von Schlippe-Dietrich. Die ungefederte Masse ist in einem Massenpunkt m konzentriert. Der Reifenäquator verschiebt sich parallel zur Felgenebene. Die entsprechende Steifigkeit wird Achsialsteifigkeit C_S genannt. Bei Schräglauf verbiegt sich die Aufstandsfläche entsprechend der Steifigkeit des Gürtelverbandes. Daher ist auch der effektive Schräglaufwinkel α_{eff} kleiner als der generierte.

$$k_{F_Y} = k_{\overline{C_{yy}}} k_1^3 k_{\alpha_{eff}}$$

$$k_{M_Z} = k_{\overline{C_{yy}}} k_1^4 k_{\alpha_{eff}} \tag{8.65}$$

In Gl. (8.66) ist die Ähnlichkeitsbeziehung für den Rollwiderstand angegeben:

$$k_{F_R} = \frac{k_{F_Z}^2}{k_{\overline{C_{xx}}} k_1^4} k_{M_B} \tag{8.66}$$

Um Reifeneigenschaften vorhersagen zu können, ist die Anwendung der Ähnlichkeitsbeziehungen notwendig, ebenso zum besseren Verständnis des Reifenverhaltens und bei der Interpretation von Indoor- und Outdoorversuchen.

Konstruktiver Reifenaufbau des PKW Reifens

Ende des vorigen Jahrhunderts waren Hohlraumreifen im Einsatz (Abb. 8.23). In Abb. 8.24 ist der Continental „Antislipping" Reifen mit auswechselbaren Stahlstollen zur Griffverbesserung dargestellt, wie er zu Beginn dieses Jahrhunderts vielfach eingesetzt war. Es handelt sich bereits um einen Reifen mit gekreuzten Gewebeeinlagen, also einen Diagonalreifen, der zusätzlich über den Karkasslagen Schutzlagen angebracht hat, die in Umfangsrichtung verlaufen.

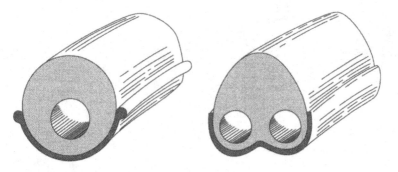

Abb. 8.23. Hohlraumreifen, 1884

Abb. 8.24. Antislipping Pneumatic mit auswechselbaren Stahlstollen, 1905

Diagonalreifen

Sämtliche auf den Reifen wirkende Kräfte werden über den Laufstreifen auf den diagonal angeordneten Unterbau übertragen, der sie über die Kerne an die Felge weiterleitet. Ein Diagonalreifen besteht aus folgenden Bauteilen:

Laufflächenkrone (Laufstreifen):
In den Laufstreifen ist das Profil eingeprägt. Es steht im direkten Kontakt mit der Fahrbahn und daher beeinflussen Profil und Laufstreifenmischung wesentlich die Griff- und Abriebseigenschaften eines Reifens.

Laufflächenbasis (Seitenwand):
Dieser Bauteil wird gelegentlich noch fälschlich als Lauffläche bezeichnet. Die Ursache liegt darin, daß ursprünglich Laufflächenkrone und Basis ein einziger Bauteil waren. Die Laufflächenbasis braucht keinerlei laufflächentypische Eigenschaften aufzuweisen, sie muß vielmehr beständig gegen Deformationen, Bordsteinanscheuerungen, Ozon und Sauerstoffalterung sein. Krone und Basis werden im Zuge des Fertigungsprozesses normalerweise doubliert, das heißt sie werden getrennt aus zwei unterschiedlichen Mischungen gefertigt und im heißen Zustand zusammengefügt, sodaß sie für den nachfolgenden Reifenaufbau als Einheit betrachtet werden können. Zwecks besserer Haftung im unvulkanisierten Zustand wird die Lauffläche zementiert oder mit einer dünnen Unterplatte versehen.

Karkasse:
Eine PKW Diagonalreifenkarkasse besteht aus zwei oder vier Lagen Rayon oder Nylon. Der Reifenkord besteht aus parallel angeordneten Kettfäden und einem dünnen Schußfaden, der in Abständen von etwa 25 mm angeordnet ist

und nur dem Zusammenhalt des Rohgewebes dient. Die einzelnen Korde werden beiderseitig in eine dünne Gummiplatte eingebettet.

Innenplatte:
Die Innenplatte bildet beim Tube Type Reifen einen Überzug an der Innenseite der ersten Karkasslage und verhindert dadurch eine Anscheuerung des Schlauches. Bei Tubeless Reifen ist sie dicker ausgebildet, besteht aus einer luftundurchlässigen Mischung und ersetzt den Schlauch.

Kernringe:
Die Karkasslagen sind um die Kernringe geschlungen. Für die Bemessung maßgebend sind vor allem die aus dem Innendruck resultierenden Kräfte, sowie die bei Montage und Demontage auftretenden.

Kernprofil:
Dieses kleine Profil dient dazu, den Hohlraum über den Kern auszufüllen.

Kerntasche:
Durch die Veränderung der Abmessungen dieses Bauteiles kann vor allem die Biegesteifigkeit der Wulstzone verändert werden, um damit Komfort und Fahreigenschaften zu beeinflussen.

Wulstschutzstreifen:
Dieser besteht meist aus einem Kordgewebe, auf das beiderseitig abriebsfeste Mischung aufgebracht wird. Mit diesem Bauteil liegt der Reifen an der Felge an. Der Wulstschutzstreifen wird häufig vorvulkanisiert um zu vermeiden, daß beim Einformen des Rohreifens in die Reifenform die Korde an die Oberfläche gedrückt werden.

Der Diagonalreifen wird seit vielen Jahren praktisch unverändert gebaut. Neuentwicklungen gibt es hier keine mehr, weil jede Reifenfirma ihre gesamte Kraft auf den Radialreifen konzentriert und weil der Diagonalreifen auf Grund seiner einfachen Bauart nur wenige konstruktive Möglichkeiten zuläßt. Dementsprechend haben sich hier Standardkonstruktionen mit sehr geringer Variationsbreite herausgebildet.

Praktisch alle Diagonalreifen weisen zwischen Kordlage und Achsrichtung einen Winkel von 50–60° auf. Dieser Winkel entspricht auf der Wickeltrommel einem Winkel von 27–37°. Diese Veränderung ergibt sich aus der zylindrischen Konfektionstrommel. Die Konfektion erfolgt auf einem wesentlich kleineren Durchmesser als es dem späteren Reifenaußendurchmesser entspricht.

Beim Zweilagenreifen sind entweder beide Karkasslagen um den Kern hochgeschlagen (2 + 0 Aufbau) oder eine hochgeschlagen und die zweite über den Kern angeordnet (1 + 1 Aufbau). Beim Vierlagenreifen sind entweder zwei Lagen hochgeschlagen und zwei außen angeordnet (2 + 2 Aufbau) oder drei hochgechlagen und eine außen angeordnet (3 + 1 Aufbau). Von wesentlichem Einfluß auf die Reifeneigenschaften sind diese unterschiedlichen Konstruktionen nicht. Sie sind meist durch die fertigungstechnischen Möglichkeiten oder durch Kostenüberlegungen bestimmt.

Radialreifen

Am 4. Juni 1946 wurde durch H. Bourdon, Gruppenleiter bei Michelin in Paris, die Patentanmeldung für den Radialreifen unterzeichnet, Massoubre 1989. Das Patent wurde am 24. Oktober 1951 mit der Nummer 1001585 in Paris veröffentlicht. Der erste Radialreifen, der auf den Markt kam, war Michelin XSTOP. Am Automobilsalon in Paris im Oktober 1959 wurden die beiden ersten Größen 165–400 und 185–400 vorgestellt und zwar auf einem 11-CV Citroen, einem Vorderrad getriebenen Fahrzeug. Peugeot, Lancia und Alfa Romeo montieren als nächstes den XSTOP Reifen auf ihre Fahrzeuge. Von 1956 an begannen andere Reifenfirmen den Radialreifen, zunächst in Lizenzbauweise, ebenfalls herzustellen.

Der Radialreifen hat gegenüber dem Diagonalreifen entscheidende Vorteile:

- präziseres Lenk- und Kurvenfahrverhalten
- bessere Hochgeschwindigkeitsfestigkeit mit stabileren Fahrbedingungen und mehr Sicherheit
- doppelt so hohe Lebensdauer
- geringerer Materialeinsatz
- geringerer Rollwiderstand
- niedrigere Nutzungskosten pro Kilometer
- höhere Sicherheit im Gebrauch
- leiser im Abrollen

Dadurch, daß die Lebensdauer des Radialreifens zwei- bis dreimal so hoch war als die des Diagonalreifens, wurden schlagartig zwei- bis dreimal weniger Reifen benötigt. Die erste Wirtschaftskrise in der Reifenindustrie in den 60-iger Jahren war die Folge davon.

Verglichen mit dem Diagonalreifen bietet der Radialreifen viel mehr konstruktive Möglichkeiten. Die drei Funktionsbereiche Laufstreifen/Gürtel, Seitenwand und Wulst können weitestgehend unabhängig voneinander gestaltet werden. Der Radialreifen besteht aus folgenden Bauteilen:

Laufstreifen:

Der Laufstreifen ist an der Unterseite zementiert oder besitzt eine Unterplatte. Viele Laufstreifen bestehen aus Krone und Basis. Diese beiden Teile haben unterschiedliche Mischungen, da der mit der Straße in Kontakt kommende Teil Abrieb und Griff und der darunter liegende die strukturelle Haltbarkeit und die Wärmebildung beeinflussen.

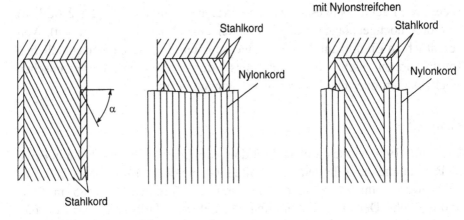

Abb. 8.25. Gürtelkonstruktion

Gürtel:
Üblich sind zwei Gürtellagen aus Stahlkord, die einen Winkel von 18–22–24°
gegen die Achsrichtung aufweisen (Abb. 8.25). Häufig wird auch eine
Konstruktion verwendet, bei der über die beiden Gürtellagen eine Nylonab-
deckung, oder zwei Nylonstreifen, oder eine oder mehrere endlos gewickelte
Nylonlagen gelegt werden. Nylon hat die Eigenschaft mit zunehmender
Temperatur zu schrumpfen. Da bei der Vulkanisation des Reifens hohe
Temperaturen erreicht werden, steht die bei der 2. Aufbaustufe straff
aufgelegte Nylonlage unter einer hohen Vorspannung. Die Nylonlage wirkt
auch bei hoher Geschwindigkeit, wenn sich der Reifendurchmesser infolge der
Fliehkräfte im gering umgürteten Schulterbereich zu vergrößern beginnt. Die
Nylonlage, mit ihrem Winkel von 0° und ihrer Vorspannung, bewirkt eine
wesentlich stärkere Umgürtung und damit eine geringere Vergrößerung des
Reifendurchmessers. Das Konkavwerden des Profils kann ebenfalls verhindert
und die inneren Scherspannungen bei der Abplattung verkleinert werden. Im
Falle einer Trennung an der Gürtelkante wird der gesamte Verband
zusammengehalten und das Risswachstum verringert. Bei der Runderneuerung
kann die Nylonabdeckung mitabgerauht werden.

HR und VR Reifen werden meist mit zwei spiralig aufgewickelten
Nylonlagen oder einem Faltgürtel ausgestattet (Abb. 8.26). Es gibt eine Reihe
unterschiedlicher Faltgürtelkonstruktionen, mit Stahlgürtellagen gleicher oder
ungleicher Kordkonstruktion, oder in Mischgürtelbauweise, wobei meist der
Innengürtel aus Stahlkord, der umgeschlagene Faltgürtel aus einer Aramidfaser sind. Faltgürtelkonstruktionen ergeben vor allem im Schulterbereich
einen sehr hohen Umgürtungsgrad und neigen daher zu Abriebsproblemen, an
der angetriebenen Achse zu Scheitelabrieb und an der nichtangetriebenen zu
Schulterabrieb.

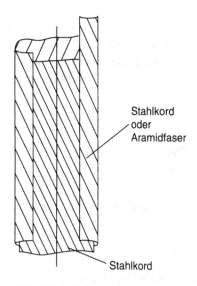

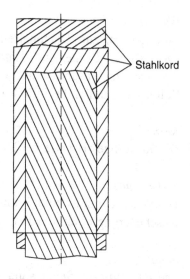

Abb. 8.26. Faltgürtel   **Abb. 8.27.** Sperrlagengürtel

Die alten XSTOP Reifen hatten eine Dreiecksverbandkonstruktion, wie sie zum Teil bei Commercial Reifen (C Reifen) heute noch eingesetzt wird (Abb. 8.27). Dieser Verband ist sehr steif und daher unkomfortabel, weist jedoch gute Fahreigenschaften und vor allem ausgezeichnete Abriebsergebnisse auf.

Gürtelkeil:
Der Gürtelkeil ist zwischen den beiden Gürtellagen angeordnet und hat die Aufgabe die Gürtellagen zu distanzieren. Bei jedem Latschdurchgang, aber auch bei Längs- und Seitenkräften, verändern die Gürtellagen ihre Winkel gegeneinander. Durch den Gürtelkeil werden die daraus folgenden Schubspannungen verkleinert und so die Mischungsbeanspruchung verringert.

Gürtelpuffer:
Dieser Bauteil soll eine Pufferung des Gürtels gegen die Karkasse bewirken. Die Wirkungsweise ist der des Gürtelkeiles vergleichbar. Außerdem verhindert er das Durchscheuern der Karkasse durch die erste Gürtellage im Falle eines Mischungszusammenbruches.

Karkasse:
Heute werden ein oder zwei Lagen mit Rayon-, Polyester oder Plyamidkorden versehen, die unter 90–80°, vorzugsweise 90°, gegen die Achsialrichtung angeordnet sind.

Wulstkeil:
Im Gegensatz zum Diagonalreifen hat der Wulstkeil eine wichtige Funktion. Je nach Höhe, Breite und Härte der Mischung können die Achsial- und Radialsteifigkeit und damit die Fahreigenschaften bzw. der Komfort des Reifens wesentlich beeinflußt werden.

Kernringe:
Die Kernringe sind wie bei Diagonalreifen gestaltet.

Wulstschutz:
Der Wulstschutz ist beim Radialreifen fast immer aus Gummi und muß gegen Anscheuerung durch das Felgenhorn schützen.

Seitenwand:
Die Funktion der Seitenwand ist analog zum Diagonalreifen, kann allerdings nicht mit dem Laufstreifen doubliert werden.

Innenplatte:
Bei Radialreifen besteht die Innenplatte aus einer Mischung mit hohen Butylanteilen oder 100% Butyl, weil dieser Kautschuk die höchste Luftdichtigkeit aufweist. Das ist neben der Lufthaltigkeit des Reifens auch für die Sauerstoffalterung der inneren Bauteile, vor allem an der Gürtelkante, von Bedeutung.

Konstruktion:
Einlagenreifen werden heute schon bis zu sehr großen Breiten eingesetzt. Hier gibt es nur die Möglichkeit des $1 + 0$ Aufbaues, allerdings mit einer Reihe von Konstruktionsvarianten (Abb. 8.28). Beim Zweilagenreifen ist, in Analogie zum Diagonalreifen, eine $2 + 0$ oder $1 + 1$ Konstruktion möglich (Abb. 8.29). Konstruktionen, bei denen die Festigkeitsträger im Wulstbereich über einen längeren Bereich einen größeren Abstand aufweisen, sind steifer. Dasselbe gilt für Konstruktionen mit hartem Wulstkeil und Wulstschutz. Ein $1 + 1$ Aufbau weist hohe achsiale Steifigkeit auf, es ist aber durchaus möglich mit einem $2 + 0$ Aufbau, verbunden mit einem harten Keil, vergleichbare Achsialstei- figkeit zu erzielen. Beide Konstruktionen weisen allerdings hohe radiale Steifigkeit auf, das heißt niedrigen Komfort. Das andere Extrem würde ein $1 + 0$ Aufbau mit kurzem Hochschlag und weichem Wulstkeil darstellen. Diese Konstruktion weist geringe achsiale und radiale Steifigkeiten auf, hat also großen Komfort. Daraus ist schon ersichtlich, daß es keine ideale Konstruktion gibt und jeder Hersteller, entsprechend seiner Kunden sowie seiner maschinellen Möglichkeiten, eigene Konstruktionen entwickelt.
    Bei C Reifen ist ein $2 + 0$ Aufbau weit verbreitet (Abb. 8.30). Diese Konstruktion ist zwar in den Fahreigenschaften nicht überzeugend, da

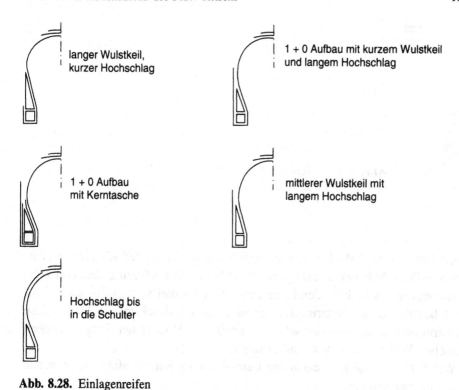

langer Wulstkeil,
kurzer Hochschlag

1 + 0 Aufbau mit kurzem Wulstkeil
und langem Hochschlag

1 + 0 Aufbau
mit Kerntasche

mittlerer Wulstkeil mit
langem Hochschlag

Hochschlag bis
in die Schulter

Abb. 8.28. Einlagenreifen

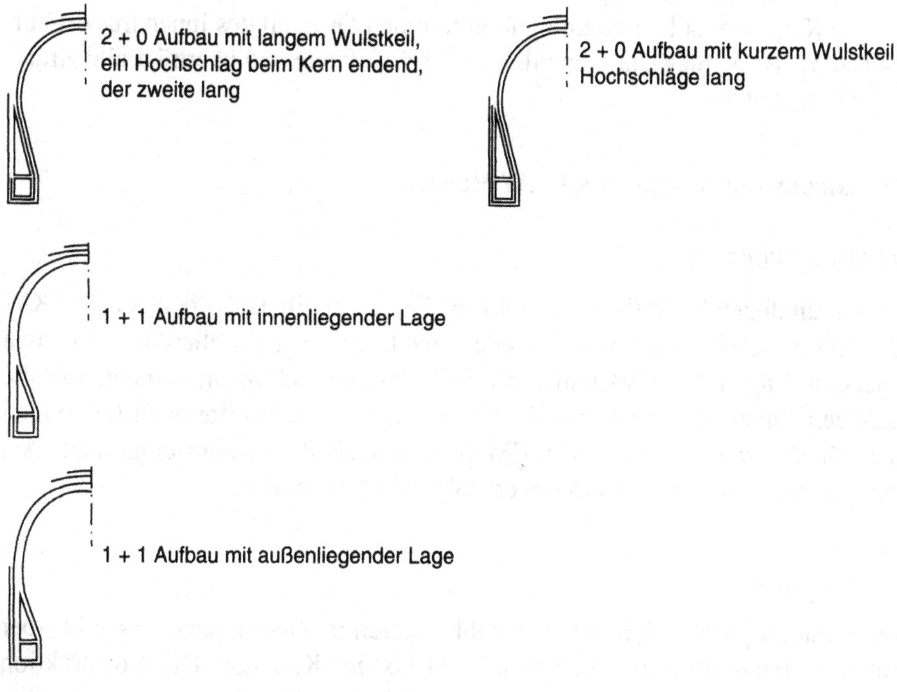

2 + 0 Aufbau mit langem Wulstkeil,
ein Hochschlag beim Kern endend,
der zweite lang

2 + 0 Aufbau mit kurzem Wulstkeil
Hochschläge lang

1 + 1 Aufbau mit innenliegender Lage

1 + 1 Aufbau mit außenliegender Lage

Abb. 8.29. Zweilagenreifen

Abb. 8.30. C Reifen

zusätzlich der Wulstkeil weich ausgeführt wird, bietet jedoch eine hervorragende Dauerhaltbarkeit und geringen Abrieb. Die Wirkung der Wulstverstärkung, die aus Stahlkordeinlagen mit einem Winkel von 20–50° ausgeführt wird, besteht vor allem darin, daß der Stahlverband drucksteif ist. Durch diese Konstruktion wird auch ein sehr gleichmäßiger Verlauf der Biegesteifigkeit zwischen Wulst und Seitenwand ermöglicht.

Wie bereits erwähnt, weisen die Bauteile eines Radialreifens weitgehende Funktionstrennung auf:

– Der Gürtel ist zug- und biegesteif, stabilisiert den Laufstreifenbereich mit dem Profil und überträgt alle Längs- und Querkräfte in die Karkasse.
– Die Karkasse ist biegeweich und nimmt den Großteil des Innendruckes auf.
– Der Wulst ist biegesteif, stabilisiert die Wulstzone und überträgt alle Kräfte auf die Felge.

Konstruktiver Aufbau des LKW Reifens

Diagonalreifen

Der grundlegende Aufbau eines LKW Diagonalreifens ist dem eines PKW Reifens vergleichbar. Statt zwei oder vier Lagen werden allerdings bis etwa vierzehn Lagen, bei EM- und Graderreifen wesentlich mehr, verbaut. Um die aus dem Innendruck, 8 bar und mehr, resultierenden Kräfte auch übertragen zu können, werden zwei, bei EM Reifen auch drei Kerne eingesetzt. Als Karkassmaterial findet Rayon oder Polyamid Verwendung.

Radialreifen

In Westeuropa hat sich der Vollstahlradialreifen durchgesetzt. Es gibt aber auch Verbundreifen mit Stahlgürtel und textiler Karkasse. Die Konstruktion und die Mischungsauswahl werden beim LKW Reifen durch eine eindeutige

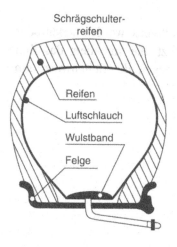
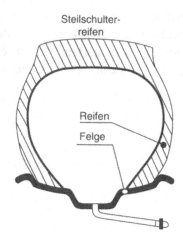

Abb. 8.31. LKW Reifen

Produktdefinition, durch die Wirtschaftlichkeit, ausgedrückt in Reifenkosten pro Fahrkilometer, determiniert. Grundsätzlich gibt es Schrägschulter- und Steilschulterreifen (Abb. 8.31).

Gürtelverband:
Ursprünglich war der Dreiecksverband üblich. Er entspricht der schon besprochenen C Reifenkonstruktion mit

– einer ersten, sogenannten Sperrlage, mit einem Winkel von 68–63° und
– je einer zweiten und dritten Lage, ausgeführt mit einem Winkel von 22–20°.

Der Dreiecksverband neigt bei breiteren Reifen zum Sperrlagenbruch und wird daher durch eine Konstruktion mit im Scheitel geteilter Sperrlage ersetzt. Die Konstruktionsmerkmale sind folgende:

– Winkel von 60–55° in der geteilten Sperrlage,
– Winkel von 24–18° in der zweiten und dritten Lage und
– Winkel von 20–18° in der etwas schmäleren vierten Lage aus dünnerem Stahlkord, die auch als Schutzlage gegen das Eindringen von Steinen dient und bei der Runderneuerung abgezogen werden kann, ohne daß sie ersetzt werden muß.

Der Rautenverband besteht aus vier Lagen

– je zwei mit Winkel von 26–24° und
– die beiden anderen mit Winkel von 20–18°.

Der Dreiecksverband weist bezüglich Abrieb und Haltbarkeit gegenüber der geteilten Sperrlage Vorteile auf, solange nicht zu große Querkräfte auftreten, wie z.B. bei Reifen im Hängerbetrieb oder sehr breiten Reifen.

Wulstkonstruktion:

Die Karkasse besteht meist aus einer Stahllage. Fallweise werden neben oder anstelle der Stahlwulstverstärkung textile eingesetzt, die vor allem das Ziel haben, die Biegesteifigkeit noch gleichmäßiger gegen die Seitenwand hin abzubauen.

9 Reifenfertigung

Grundsätzlich erfolgen die Herstellung der Karkasse auf der „Wickelmaschine" und die Fertigstellung des Rohreifens auf der „Transfermaschine", egal ob die Karkasse von der Trommel abmontiert wird (Zweistufenaufbau) oder nicht (Einstufenaufbau). Die einzelnen Fertigungsschritte werden in diesem Kapitel besprochen, unabhängig vom Automatisierungsgrad der Wickel- bzw. Transfermaschine.

Zweistufenaufbau

Stufe I

Die Wickelmaschine besteht aus einer angetriebenen zylindrischen Wickeltrommel und einem dahinter angebrachten Gestell, dem „Servicer", in dem die einzelnen Bauteile gelagert werden, bis sie im Zuge des Fertigungsprozesses benötigt werden (Abb. 9.1). Die Bauteile Innenschicht, Einlage und Seitenstreifen werden in Kassetten gerollt angeliefert und so in den Servicer eingehängt.

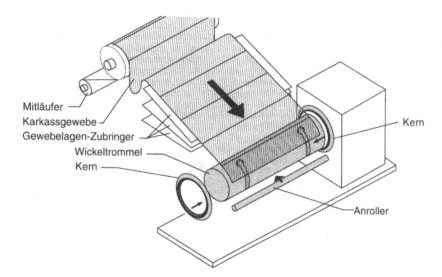

Abb. 9.1. Stufe I, Wickelmaschine

Zum richtigen Zeitpunkt werden die jeweils benötigten Aufbauteile der Wickeltrommel zugeführt und dort von einem Mitarbeiter, dem Wickler, zusammengefügt. Zur Vervollständigung des Aufbaues einer Karkasse gehören auch noch die Kerne, die in einem gesonderten Vorgang hergestellt werden (Abb. 9.2). Die Kerne werden jeweils vom Wickler vor Beginn des Wickelvorganges auf der „linken" Seite der Maschine aufgebracht. Mit Preßluft wird der 2. Kern auf die „rechte" Seite transportiert (Abb. 9.3).

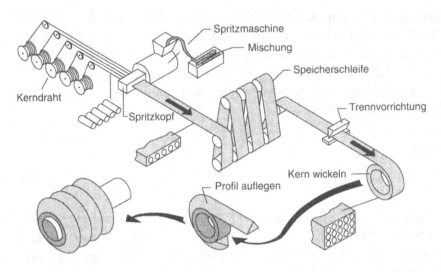

Abb. 9.2. Kernherstellung

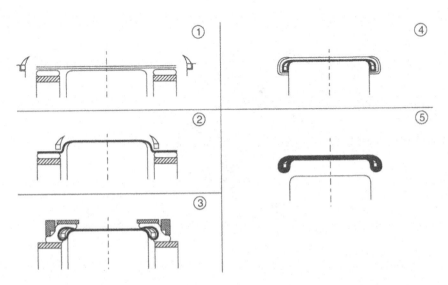

Abb. 9.3. Aufbau einer PKW Karkasse; *1* Innenschicht + Einlage aufbringen; *2* Kerne setzen; *3* Hochschlag; *4* Wulstband von außen um Kern rollen; *5* Trommel impandieren

Auf der rechten Maschinenseite befindet sich die Antriebseinheit mit der Lagerung der Spindel. An ihrem freien Ende ist die Wickeltrommel befestigt. Sie kann zusammengeklappt werden (Klapptrommel), sodaß sich ihr Durchmesser verkleinert. Dadurch wird das Abnehmen der fertigen Karkasse und das Einsetzen der Kerne in den linken Kernhalter ermöglicht. Die linke Maschinenseite ist beweglich ausgeführt, mittels eines Reitstockes und kann nach links oder rechts gefahren werden. Zum Aufnehmen der Karkasse bzw. zum Einsetzen der Kerne wird der Reitstock in die äußerste Position nach links gebracht.

Für den eigentlichen Arbeitsvorgang, das Wickeln, wird der Reitstock ganz nach rechts gegen die Trommel gefahren, sodaß die Mittenzentrierung über den Reifen geschoben wird und so das freie Ende der Trommelspindel für einen genauen Rundlauf fixiert werden kann. Der Funktionsablauf an der Maschine ist programmiert und die einzelnen Arbeitstakte werden vom Wickler über einen Fußschalter oder mittels Knopfdruck abgerufen oder erfolgen automatisch.

Die Zuführung der benötigten Aufbauteile und deren Vorablängung erfolgt meist über den Servicer. Die Bauteile wie Innenschicht, Einlage und Seitenstreifen werden aus dem Servicer abgelängt und von hinten auf die rotierende Trommel aufgebracht. Nach Leerfahren einer Kassette wird der Austauschvorgang vom Wickler selbst oder durch einen Helfer durchgeführt. Die beiden Kerne mit den Kernprofilen werden vor Beginn des Arbeitsvorganges auf der linken Maschinenseite eingelegt.

Die einzelnen Arbeitsschritte der Konfektion einer Einlagenkarkasse können wie folgt angegeben werden:

- Kerne aufstecken
- Reitstock einfahren
- Bauteilstoß positionieren
- Innenschichttasche vorbewegen
- Innenschicht konfektionieren
- Innenschicht anrollen
- maschinelle Ausführung der Bauteilstöße
- Innenschichttasse wegbewegen
- Einlagentasse vorbewegen
- Bauteilstoß positionieren
- 1. Einlage konfektionieren
- 1. Einlage anrollen
- Trommel expandieren
- Kerne setzen
- Wulst fixieren
- Einlage um die Kerne hochschlagen
- Seitengummitassen absenken

- Bauteilstoß positionieren
- Kernfüllung anrollen
- Seitenstreifen und Hornprofil konfektionieren
- Stoß anrollen
- Hornprofil abkanten
- Hornprofil bördeln
- Trommeln impandieren
- Reitstock wegfahren
- Karkasse abnehmen
- Sichtkontrolle
- Positionierung der Karkasse auf dem Lagerwagen

Die Einhaltung sehr enger Fertigungstoleranzen bei der Stoßpositionierung und der Überlappung sind aus qualitätsgründen unumgänglich.

Stufe II

In der Stufe II wird die auf der Wickelmaschine gefertigte Karkasse zu einem Rohreifen aufgebaut. Dazu werden die Karkassen von Stufe I mittels Lagergestell zur Stufe II Maschine gebracht. Folgende Arbeitsschritte können angegeben werden (Abb. 9.4):

- Anliefern der Karkassen über ein Zuführungsband
- Auflegen der Karkassen auf den Nutenspannkopf
- Aufbringen der Gürtellagen auf die Gürteltrommel
- Aufbringen der Nylonbandagen mit einer oder zwei Umdrehungen oder endloses Aufspulen von Nylonbändern
- Anrollen des Laufstreifens auf den vorgefertigten Verband

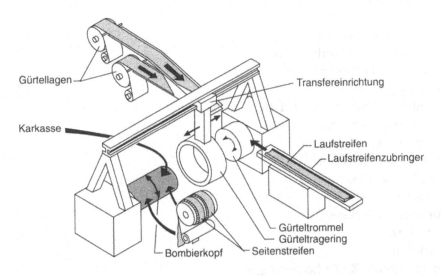

Abb. 9.4. Stufe II, Transfermaschine

– Transfer des Verbandes auf die rechte Seite der Maschine, auf den Nutenspannkopf oder die Bombierteller
– Zusammenfügen der Karkasse mit dem Gürtel-Laufstreifen Verband

Nach Abarbeitung von Stufe I und Stufe II wird aus der Karkasse der „Rohreifen", welcher sich aus folgenden Bauteilen zusammensetzt:

– Karkasse, auch Unterbau genannt, aus ein oder zwei Einlagen, mit Reifenfäden, parallel von Kern zu Kern verlaufend
– 2 Kerne mit Kernprofilen und Seitenstreifen
– 2 Gürtellagen aus gummiertem Stahlkord, welcher in Streifen geschnitten und an den Kanten mit einem planparallelem Streifchen belegt, angeliefert wird
– Nylonbandage aufgewickelt oder endlos gespult
– Laufsteifen mit vordoublierter Basis und Krone und seitlichen „Wing Strips"

Wegen des Komforts, Fahrverhaltens und der strukturellen Haltbarkeit darf vor allem der Gürtel nicht überlappt und muß genau aufgelegt werden. Die Beachtung der Stoß- bzw. Überlappungsvorschriften ist auch bei der Nylonlage aus Komfortgründen wichtig. Die Längenschwankung des Laufstreifens muß aus Gründen des gleichmäßigen Abriebs, „Irregular Wear" genannt, in einer Toleranz von $\pm 0,2$ mm liegen.

Arbeitsschritte an der Transfermaschine:

– Aufbringen des auf einem Zubringerband aufgelegten Laufstreifens von unten und dem Servicer entgegen gerichtet
– Auflegen der Karkasse mittels Greifarme und Beladevorrichtung auf den Bombierteil
– Zentrieren und Vorbombieren der Karkasse auf der rechten Maschinenseite
– Transferieren des Gürtel-Laufstreifenpaketes mittels Transferring über die vorgeblähte Karkasse
– Karkasse vollends bombieren
– Zusammenfügen von Karkasse und Gürtelpaket
– Wegfahren des Transferringes
– Anrollen des Laufstreifens und des darunter liegenden Gürtelpaketes
– Abnehmen des Rohreifens
– Sichtkontrolle des Rohreifens
– Transport des Rohreifens zum Innen- und Außeneinsprühen und dann zur Vulkanisation

Einstufenaufbau

Bei diesem Verfahren erfolgt die Karkassenherstellung und die Bombierung auf einer mitwandernden Trommel.

Die Vorteile des Zweistufenverfahrens gegenüber dem Einstufenverfahren mit offenem Hochschlag liegen darin, daß

- ein breiteres Spektrum an Wulstkonstruktionen möglich ist;
- die Bauteile des Wulstbereiches exakter, weil flach, aufgelegt werden können;
- ausreichend Platz für die Servicer vorhanden ist (vor allem für LKW Reifen bedeutend);
- geringere Investitionskosten je Reifen gegeben sind.

Die Vorteile des Einstufenverfahrens liegen darin, daß

- geringere Arbeitskosten je Reifen gegeben sind;
- die Drehung um den Kern um die Hälfte geringer ist;
- eine einmalige Zentrierung des Rohreifens vorliegt;
- bessere „Non Uniformity" Werte erzielt werden können.

Die besseren Non Uniformity Werte rühren vom exakten Kernsitz her und der definierten Fadenlänge der Karkasse. Das kann grundsätzlich sowohl beim

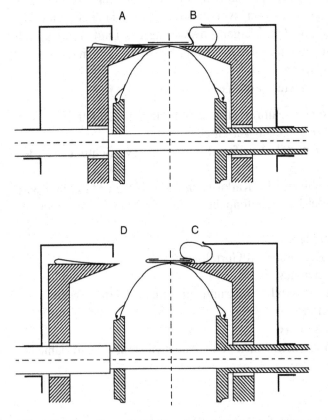

Abb. 9.5. Herstellung der Faltbandage. *A* Karkasse balglos bombiert + Gürtel aufgelegt; *B* Faltbalg gebläht + Stülpglocke in Ruheposition; *C* Stülpglocke in Arbeitsposition; *D* Falt- + Stülpglocke in Ruheposition; Faltvorgang abgeschlossen

Einstufen- als auch beim Zweistufenverfahren erreicht werden. Die Verfahrenswahl, aber auch viele konstruktive Details bei Trommel und Hochschlagkonstruktion, beeinflussen die Reifenkonstruktion ganz wesentlich, sodaß es häufig nicht möglich ist, einen „sauberen" Systemvergleich durchzuführen.

Die Herstellung von Faltgürtel kann grundsätzlich auf eigenen Aufbaustationen oder aber direkt an der Konfektionsmaschine erfolgen (Abb. 9.5).

Reengineering der Fertigung

Hauptsächlich um die Herstellkosten zu senken, arbeiten alle Reifenhersteller an neuen Aufbauverfahren. Die Herstellkosten setzen sich beispielhaft aus folgenden Teikosten zusammen (s. Tabelle 9.1).

Durch Produktionsverlagerung in ehemalige Ostblockstaaten lassen sich die Herstellkosten um 30% und durch Verlagerung in asiatische Niedriglohnländer um 40% senken. Das Herstellen von „Leichtreifen" senkt die Materialkosten, erhöht aber meistens die Prozeßkosten.

Durch Flexibilisierung mittels „Quick Change", Reduzierung der Fertigungstiefe und durch kleine und kompakte, vollautomatische Produktionseinrichtungen können beträchtliche Kosten gespart werden. Z.B. beim C3M Verfahren von Michelin werden einzeln gummierte Karkassfäden über einen Dorn „gehäkelt", die Gürtelkorde auf die Karkasse geschleudert und der Laufstreifen direkt an der Aufbaumaschine angespritzt. Dadurch können bei einem PKW Reifen mittlerer Größe die Herstellkosten von $ 22 auf $ 13 gesenkt werden und liegen somit unter den Herstellkosten in einem asiatischen Billiglohnland von $ 15.

Tabelle 9.1. Herstellkosten pro kg Reifen

Kosten	PKW ≈ öS/kg	LKW ≈ öS/kg
Materialkosten	17,9	20,9
Lohn- und maschinenabhängige Kosten	10,5	5,9
Ausschuß- und Abfallkosten	0,3	0,9
Fixkosten	7,1	5,1
Herstellkosten	35,8	32,8

10 Vulkanisation

Die Vulkanisation gehört zu den zahlreichen Prozessen der Chemie, die durch Zufall entdeckt wurden. Als mit der Entdeckung von Amerika die ersten Kautschukproben nach Europa kamen, wurden im Laufe der Zeit zahlreiche Gegenstände daraus gefertigt. Wegen der Wasserundurchlässigkeit stellte man sogar Regenmäntel daraus her, die nach unserer Vorstellung jedoch sehr primitiv gewesen sein müssen. Zwei Nachteile des Kautschuks, die Klebrigkeit in der Wärme und die Härte und Steifigkeit in der Kälte, versuchte man mit untauglichen Mitteln zu überwinden. Im Jahre 1839 verarbeitete C. Goodyear Kautschuk mit Schwefel in der Absicht, diesem seine Klebrigkeit zu nehmen. Durch Zufall fiel nun ein Stück dieses Gemisches auf den heißen Ofen. Dabei ging es vom plastischen in den elastischen Zustand über. Zunächst wurde die Bedeutung und Tragweite dieser Tatsache von C. Goodyear gar nicht erkannt. Im Jahre 1844 kam T. Hancock zu der gleichen Erkenntnis. Er ließ sich den Prozeß patentieren und kreierte auch den Namen „Vulkanisation", nach Vulkanus, dem römischen Gott des Feuers. Vulkane waren es auch, die im vorigen Jahrhundert den Schwefel lieferten. Diese Entdeckung war der Grundstein für die Aufwärtsentwicklung der Kautschukindustrie. Der bis dahin kaum brauchbare Kautschuk wurde ein begehrter, hochwertiger Artikel.

Heute versteht man unter Vulkanisation alle Verfahren zur Umwandlung des Kautschuks und der Kautschukmischungen aus dem vorwiegend plastischen in den vorwiegend elastischen Zustand. Während der Chemiker von der „Vernetzung" spricht, nennt der Arbeiter im Betrieb diesen Vorgang „Heizen".

Der Schwefel ist das Hauptvulkanisationsmittel geblieben. Während er um die Jahrhundertwende aus den Schwefelquellen gewonnen wurde, fällt er heute bei der Reinigung des Leuchtgases oder der Erdölprodukte an.

Bei den meisten Kautschuktypen ist pro Grundmolekül noch eine Doppelbindung vorhanden die als instabile Stelle bezeichnet werden kann. Beim Erhitzen einer Kautschuk-Schwefel Mischung kann der Schwefel sich an diese Doppelbindung anlagern. In Abb. 10.1 sind die möglichen Arten der Anlagerungen abgebildet:

– a. Ein Schwefelatom hat sich in die Doppelbindung eingefügt. Voraussetzung für das Einfügen ist das vorherige Sprengen des Achtringschwefels.

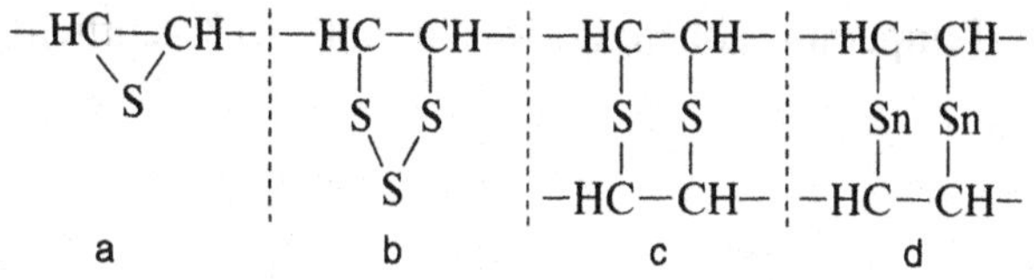

$$-\text{HC}-\text{CH}- \quad | \quad -\text{HC}-\text{CH}- \quad | \quad -\text{HC}-\text{CH}- \quad | \quad -\text{HC}-\text{CH}-$$

(Darstellung der S-Vernetzungen a, b, c, d)

a   b   c   d

Abb. 10.1. S-Vernetzungen

- b. Beim Sprengen entstehen aber nicht nur freie Schwefelatome, sondern auch Schwefelmoleküle, die zwei, drei, vier oder allgemein gesagt n Schwefelatome enthalten können.
- c. Der Schwefel kann auch zwei Kohlenwasserstoffketten atomar miteinander verknüpfen oder wie im Fall
- d. molekular. Für den Prozeß der Vulkanisation sind nur diese vier Verknüpfungsarten interessant.

Erst durch die Verknüpfung der Kohlenwasserstoffketten mit Hilfe von Schwefel entsteht aus dem plastischen Zustand ein elastischer. Die durch die Vulkanisation erhaltenen Artikel werden qualitätsmäßig durch die Schwefelmenge beeinflußt. Bis zu ca. 8% Schwefel erhalten wir die Weichgummi-, von 8–20% die Halbhartgummi- und bis 32% die Hartgummiqualitäten. Um alle Doppelbindungen im Kautschuk abzusättigen, müßten theoretisch 37% Schwefel hinzugegeben werden. Es ist zu beachten, daß immer ein Teil des Schwefels im Kautschuk gelöst bleibt und sich chemisch nicht bindet, ungebundener Schwefel genannt. Bei den weitaus meisten Qualitäten beträgt der Schwefelgehalt 1,5–3%, d. h., es bleiben nach der Vulkanisation noch zahlreiche Doppelbindungen erhalten (Abb. 10.2).

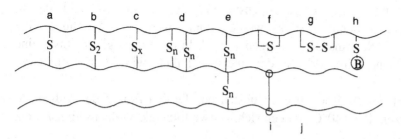

Abb. 10.2. S-Bindungen. *a* monosulfidisch; *b* disulfidisch; *c* polysulfidisch; *d* vicinal; *e* polysulfidisch, ausgehend vom selben oder benachbarten C-Atom; *f* zyklisch monosulfidisch; *g* zyklisch disulfidisch; *h* polymerverknüpfte Beschleunigerreste; *i* C–C Verbindungen; *j* Veränderungen am Doppelbindungssytem

Selbst wenn wir Kautschuk die theoretisch höchste Menge von 37% Schwefel einmischen, so werden wir immer finden, daß nur ca. 32% gebunden werden, der Rest bleibt ungebunden. Die Zeit, in der diese Menge gebunden

wird, ist weitgehend von der Temperatur abhängig, wie in Abb. 10.3 deutlich
zu erkennen ist.

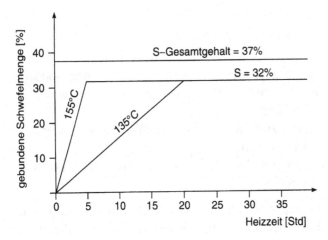

Abb. 10.3. Heizzeit = f (T, % S)

Je höher die Temperatur, um so schneller verläuft die chemische Reaktion.
Eine Faustregel besagt, daß eine Temperatursteigerung von 10°C eine
Verdopplung der Reaktionsgeschwindigkeit bedeutet.

Eine Vulkanisation, die nur mit Schwefel durchgeführt wird, geht sehr
langsam vor sich. Um aber die Ausnutzung der Vulkanisationspressen und die
allgemeine Wirtschaftlichkeit zu vergrößern, gibt man bestimmte Stoffe hinzu,
die den Prozeß beschleunigen. Diese Substanzen erhalten ihre beschleunigende
Wirkung erst dann, wenn sie von anderen Stoffen begleitet werden, die man
Aktivatoren nennt. Der gebräuchlichste Aktivator ist das Zinkoxid, das in
seiner Wirkung noch verstärkt werden kann, wenn der Mischung eine
Fettsäure, z.B. Stearinsäure, beigegeben wird. In der Praxis gibt es fast keine
Mischung ohne Zinkoxid. In den meisten Fällen wird 3–5% Zinkoxyd
eingesetzt.

Beschleuniger sind organische Substanzen, die den Prozeß der Vulkanisation verkürzen. Bei 140°C ergeben sich in etwa folgende Vulkanisationszeiten,
Tabelle 10.1.

Mit Hilfe der Beschleuniger ist man in der Lage, auch den Schwefelgehalt
zu reduzieren, wodurch eine wesentliche Verbesserung der Alterungsbeständigkeit erreicht wird.

Einerseits ist aus wirtchaftlichen Gründen kurze Vulkanisationszeit zu
erreichen, andererseits muß die Mischung aber auch verarbeitungssicher sein.
Daher wurden Beschleuniger mit „verzögerter Wirkung" entwickelt, die
Sulfenamide. Aus Abb. 10.4 kann die Wirkungsweise der einzelnen Beschleu-
nigertypen erkannt werden.

Tabelle 10.1 Vulkanisationszeit

Mischung	Vulkanisationszeit in Stunden
Naturkautschuk + Schwefel	> 4 h
Naturkautschuk + Schwefel + Zinkoxyd	4 h
Naturkautschuk + Schwefel + Zinkoxyd + Stearinsäure	3 h
Naturkautschuk + Schwefel + Zinkoxyd + Stearinsäure	20–30 min

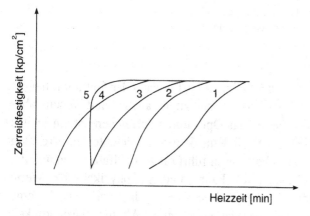

Abb. 10.4. Heizzeit. *1* langsamer Beschleuniger; *2* halbschneller Beschleuniger; *3* schneller Beschleuniger; *4* sehr schneller Beschleuniger; *5* Beschleuniger mit verzögerter Wirkung

Die Wahl des Beschleunigers hängt vom Vulkanisationsverfahren und der vorgesehenen Vulkanisationsdauer ab. Es ist qualitätsmäßig immer vorteilhaft, einen langsamen Vulkanisationsprozeß zu wählen, was allerdings nicht immer wirtschaftlich ist. In vielen Fällen wird eine Kombination mehrerer Beschleuniger eingesetzt. Die Menge liegt etwa zwischen 0,2–2%.

Vulkanisation

Die Vulkanisationskurve wird in mehrere Abschnitte unterteilt (Abb. 10.5). Die Länge der Fließzone, die durch die Wahl und Menge der Beschleuniger bestimmt werden kann, ist bei den einzelnen Mischungen unterschiedlich. Erhält eine Mischung durch Vorwärmen, Spritzen oder Kalandrieren eine längere, höhere, Temperatureinwirkung, so muß die Fließzone verhältnismäßig lang sein, um ein „Anbrennen" zu vermeiden. Wird ein Artikel aber vor dem Heizen nur gestanzt, so kann die Fließzone sehr kurz sein. Wirtschaftliche Gründe erfordern eine genaue Einstellung.

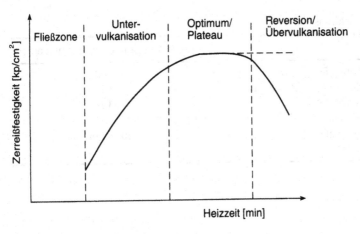

Abb. 10.5. Vulkanisationskurve

Alle Artikel sollen bezüglich der Heizzeit im Plateau oder Optimum liegen. Bei dickwandigen Artikeln ist die Ausheizung außen und innen aber unterschiedlich. Um an allen Stellen das Optimum zu erreichen, ist ein breites Plateau wünschenswert. Dieses ist mit Kunstkautschuk leichter zu erreichen als mit Naturkautschuk. Untervulkanisation führt oft zu Fehlfabrikaten und die Übervulkanisation oder „Reversion" kann niedrige physikalische Werte ergeben. Durch bestimmte Vulkanisationssysteme läßt sich auch eine Verlängerung des Plateaus erzielen, was einer guten Alterungsbeständigkeit gleichkommt.

Außer Schwefel gibt es weitere Vulkanisationsstoffe, die in den meisten Fällen aber teurer oder nur für eine bestimmte Kautschuktype geeignet sind. Selen und Tellur können an Stelle von Schwefel eingesetzt werden. Ihre Vulkanisate sind besonders hitzebeständig, aber leider ist ihr Einsatz sehr kostspielig. Die Harzvulkanisation hat eine Anwendung beim Butylkautschuk gefunden. Die Phenolformaldehyd Harze verbinden wie beim Schwefel die Kohlenwasserstoffketten miteinander. Nachteilig ist die träge Vulkanisation. Harzvulkanisate ergeben jedoch eine ausgezeichnete Hitzebeständigkeit. Daher werden sie bei Heizbälgen und Heizluftschläuchen eingesetzt, welche mit jeder Heizung bis zu 200°C erhitzt werden. Peroxide sind sauerstoffhaltige Verbindungen, die sehr schnell vulkanisierend wirken können. Innerhalb von 5 Minuten kann ein Produkt vollkommen ausgeheizt werden. Die Peroxidvulkanisation wird nur bei einigen technischen Artikeln angewandt.

Metalloxide finden Anwendung beim Neopren bzw. Perbunan C und Hypalon. Außer dem Metalloxid muß eine organische Säure vorliegen. Schwefel ist demnach nicht unbedingt erforderlich.

Amine sind stickstoffhaltige Produkte, die ebenfalls vulkanisierend wirken können. Sie finden eine Anwendung beim Viton, das besonders als chemikalienbeständiges und hochtemperaturfestes Material eingesetzt wird. Der sehr hohe Preis des Vitons schränkt den Einsatz jedoch wesentlich ein.

Die Vernetzung erfolgt durch chemische Reaktionen zwischen Vernetzungs-mitteln, wie Schwefel, Schwefelspender, Selen, Tellur, Peroxide u.a. und den Kautschukmolekülen, wobei diese Reaktionen durch Zuführung von Energie, in Form von Wärme oder energiereicher Strahlung, beschleunigt werden können. Durch die Zunahme der Zahl der Vernetzungsstellen verändern sich die physikalischen Eigenschaften in Richtung Gummielastizität, wobei der Schubmodul G des Materials direkt von der Vernetzungsdichte abhängt, antsprechend der statistischen Theorie der Gummielastizität, Gl. (10.1).

$$G = \nu RT \tag{10.1}$$

ν = Vernetzungsdichte in mol/mm^3

R = universell Gaskonstante, 8,31 J/mol, K

T = absolute Temperatur in K

Die Vernetzungsgeschwindigkeit nimmt mit steigender Temperatur stark zu und läßt sich für eine festgehaltene Temperatur durch ein Potenzgesetz angeben, Gl. (10.2).

$$\frac{d\nu}{dt}\bigg|_{T=\text{const}} = k_T^{(n)}(\nu_\infty - \nu_t)^n \tag{10.2}$$

$k_T^{(n)}$ = Reaktionsgeschwindigkeit n-ter Ordnung

ν_∞ = Endvernetzungsdichte bei $t \to \infty$

ν_t = Vernetzungsdichte zur Zeit t

Die Temperaturabhängigkeit der Reaktionsgeschwindigkeit gehorcht dem Gesetz von Arrhenius und Van't Hoff, Gl. (10.3).

$$k_T^{(n)} = k_{T_0}^{(n)} \exp\left[\frac{A}{R}\left(\frac{1}{T_0} - \frac{1}{T}\right)\right] \tag{10.3}$$

A = Aktivierungsenergie der Vernetzungsreaktion in J/mol

T_0 = Referenztemperatur in K

Normiert man bei der Referenztemperatur T_0 den in einer Minute erzielten Vulkanisationseffekt, indem man die Vernetzungsgeschwindigkeit bei To mit 1 festlegt, Gl. (10.4). so kann man aus der isothermen Vulkameterkurve bei T_0 den für die optimale Vernetzung benötigten Vulkanisationseffekt VE$_{opt}$ ablesen. Mit Hilfe von Gl. (10.5) kann für jede beliebige andere Temperatur eine äquivalente Vulkanisationszeit errechnet werden.

$$1VE = \int_0^1 k_{T_0}^{(n)} dt = k_{T_0}^{(n)} \times 1 \ min$$

VE = Vulkeinheit $\tag{10.4}$

$$VE_{opt} = k_{T_0}^{(n)} t_{opt}(T_0) = k_T^{(n)} t_{opt}(T) \tag{10.5}$$

Für nicht isothermen Temperaturverlauf T(t) wird die zur Erzielung des optimalen Vulkanisationseffektes benötigte Vulkanisationsdauer t'_{opt} durch Gleichsetzen der Vulkeffekte bei isothermer Vulkanisation mit dem bei zeitlich veränderlicher Temperatur T(t), welche durch Integration nach Gl. (10.6) erhalten wird, bestimmt.

$$VE_{opt}(T(t)) = \int\limits_{0}^{t_{opt}} k_{T(t)}^{(n)}dt = k_{T(t)}^{(n)}dt = k_{T_0}^{(n)} \int\limits_{0}^{t'_{opt}} \exp\left[\frac{A}{R}\left(\frac{1}{T_0} - \frac{1}{T(t)}\right)\right]dt \quad (10.6)$$

Diese Methode wird heute zum Teil On-line zur Vulkanisationszeitsteuerung von Heizpressen angewendet.

Heizpressen

Die Vulkanisationsmaschinen, Heizpressen genannt, waren die ersten echten Automaten in der Reifenfertigung. Mit Hilfe eines Laders werden die Rohreifen in die Heizform gebracht und nach erfolgter Vulkanisation auf ein Förderband ausgestoßen. Die Tätigkeit des Bedienungsmannes beschränkt sich auf die Beschickung des Laders bzw. auf Kontrolltätigkeiten. Der Reifen wird sowohl außen wie auch innen beheizt.

Für die Innenheizung wird sowohl Sattdampf wie auch Heißwasser verwendet. Der verwendete Sattdampf hat im allgemeinen einen Druck von 5 bis 26 barü, was einer Temperatur von 158 bis 213,9°C entspricht. Für die Heißwasserheizung wird Wasser von einem Druck von 20 bis 26 barü bei einer Temperatur von etwa 170 bis 190°C verwendet. Der Vorteil der Heißwasserheizung besteht darin, daß die Ausformung des Reifens besser durchgeführt werden kann und daß in gewissen Grenzen druck- und temperaturunabhängige Regelung des Heizmediums möglich ist. Da die Heißwasserheizung bei niedrigerer Temperatur erfolgt, stellt sie auch die mildere und damit qualitativ bessere Heizung dar. Sie wird hauptsächlich für LKW-Reifen angewendet (Abb. 10.6).

Die Außenheizung kann sowohl als Dom- wie auch Plattenheizung ausgeführt sein. Bei der Domheizung ist der glockenförmige Heizdom als Druckgefäß ausgeführt und muß gegenüber dem Pressentisch abgedichtet werden. Bei Domheizung ist die komplette Form von Dampf umströmt. Dadurch ist man bei der Gestaltung der Heizformen frei und die gleiche Temperatur aller Formteile sichergestellt. Bei der Plattenheizung ist der Pressentisch von Heizmedium durchströmt. Die Wärme wird durch Konvektion auf die Form übertragen. Dementsprechend ist es wichtig, daß sie mit einer möglichst großen, ebenen Fläche am Tisch aufliegt.

Die zweiteilige Reifenform besteht aus einer unteren und einer oberen Formenhälfte, die jeweils einen unteren bzw. oberen starren Dessinring

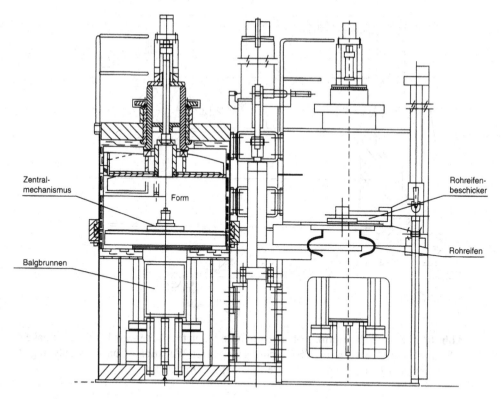

Abb. 10.6. 62″ Vulkanisationspresse

eingebaut hat. Zweiteilige Reifenformen können prinzipiell bei Diagonal- und Radialreifen, PKW oder LKW, verwendet werden. Schwierigkeiten ergeben sich lediglich beim endgültigen Bombieren des Reifens nach Schließen der Form und beim Ausbrechen der Reifen aus der Form. In beiden Fällen muß der Reifen deformiert werden, was beim Bombieren zu Fließvorgängen in der Lauffläche, zu Gürtelverlagerungen etc., beim Ausbrechen aus der Form zu Laufflächenausbrüchen, zu Rissen etc. führen kann. Diese Fehler treten umso stärker auf, je steifer der Laufflächenbereich eines Reifens ist.

Daher werden bei Radialreifen fast ausschließlich mehrteilige Reifenformen verwendet. Die mehrteilige Reifenform besteht ebenfalls aus einer unteren und oberen Formenhälfte, die jedoch keinen starren Dessinring, sondern in radialer Richtung beweglich angeordnete Dessinsegmente besitzt. Diese bewegen sich beim Schließen der Form zur Mitte, beim Öffnen der Form von der Mitte der Reifenform, jeweils in radialer Richtung. Dadurch werden diverse Verformungen und Beanspruchungen am Reifen beim Schließen und Öffnen der Form ausgeschaltet. Die Reifen aus diesen Formen besitzen eine bessere Tire-Non Uniformity (Abb. 10.7).

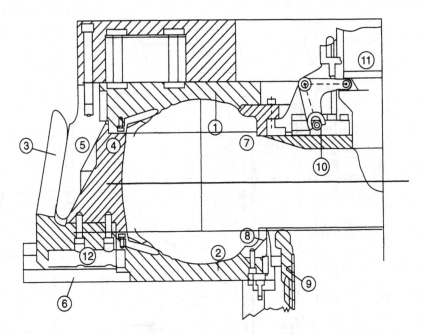

Abb. 10.7. Segmentheizform. *1* obere Seitenwand; *2* untere Seitenwand; *3* Segmenthaken; *4* Segmentring; *5* Schließring; *6* Grundring; *7* oberer Wulstring; *8* unterer Wulstring; *9* Balgbrunnen; *10* Auswerfer; *11* Auswerfkolben; *12* Druckfeder

11   Physikalische Prüfmethoden

Physikalische Prüfungen werden an vulkanisierten Proben, wie Klappen, Ringen und Stäben, durchgeführt. Um reproduzierbare Prüfergebnisse erzielen zu können, müssen die Proben nach Vulkanisationsende mindestens 16 Stunden bei Raumtemperatur lagern.

Statische Prüfungen

Zugfestigkeit, Bruchdehnung und Modul

Zugfestigkeit, Bruchdehnung und Modul werden an Normringen nach DIN 53504 oder Normstäben in der Zugprüfmaschine geprüft. Unter Zugfestigkeit versteht man die Kraft in N/cm^2, bezogen auf den Anfangsquerschnitt der Probe, die zum Zerreißen der Probe notwendig ist. Dabei erfolgt die Dehnungszunahme langsam mit Geschwindigkeiten zwischen 100 und 500 mm/min. Unter Bruchdehnung versteht man die höchste vor dem Bruch erreichte Dehnung in % bezogen auf die Ausgangslänge, und unter dem Modul schließlich jene Kraft in N/cm^2 des Anfangsquerschnittes der Probe, die zum Dehnen um einen bestimmten Prozentsatz der ursprünglichen Länge erforderlich ist, z.B.: Modul 300 ist jene Kraft, die zum Dehnen um 300% nötig ist.

Grundsätzlich ist gegen alle Zugfestigkeitsprüfungen bis zur Bruchdehnung einzuwenden, daß das Einsetzen des Zerstörungsvorganges erst bei sehr hohen Dehnungen eintritt, die im praktischen Einsatz niemals auftreten. Trotz dieses grundsätzlichen Fehlers, der auch durch Änderung der Prüftemperatur nicht behoben werden kann, ist die Zugfestigkeit eine erste brauchbare Information, zumal Untersuchungen gezeigt haben, daß auch bei Weiterreißprüfungen an der Stelle größter Spannungskonzentration erst bei Erreichen der Bruchdehnung Rißbildung eintritt.

Härte

Unter Härte nach DIN 53505 versteht man den Widerstand, den die Gummiprobe beim Eindringen eines genormten Eindringkörpers entgegensetzt. Der Widerstand hängt von der Form des Eindringkörpers und der Kraft,

mit welcher dieser aufdrückt, ab. Das Eindringen wird durch die Zusammen-
drückung einer Feder gemessen. Bei der Prüfung im Labor wird ein Standgerät
verwendet, welches ein stoßfreies und senkrechtes Aufsetzen bei genau
definierter Belastung ermöglicht und dadurch ein exaktes Messen gestattet als
mit einem Handgerät.

Bei der Shore A Härte wird ein Kegelstumpf mit 1 kg belastet in die Probe
gedrückt und die Härte nach 3 s Belastungszeit auf einer Skala abgelesen,
welche linear von 0 bis 100 geteilt ist. Die 3 s sind eine in DIN festgelegte Zeit,
die notwendig ist, um vergleichbare Ergebnisse zu erzielen, da nach Belastung
ein, jedem Vulkanisat eigenes Fließverhalten, eine ruhige, unveränderliche
Anzeige der Härte im Zeitpunkt des Aufsetzens verhindert.

Bei der IR Härte IRHD nach DIN 53519, einer international genormten
Methode, wird eine Kugel als Eindringkörper verwendet. Die Härteprüfung
besteht in der Messung der Differenz der Eindringteife dieser Kugel bei einer
geringen Vorlast von 30 g und der großen Prüflast von 534 g nach 30 s.

An 1 mm dicken Proben aus Fertigartikeln kann die Mikrohärte gemessen
werden. Dazu dient ein Mikrohärteprüfgerät, das eine Verkleinerung der IR
Härteprüfgeräte darstellt. Damit die gleichen Verformungsverhältnisse erreicht
werden, wurde bei diesem Gerät der Kugeldurchmesser, die Probenhöhe und
die Eindringtiefe um den gleichen Faktor, nämlich 1/6, verkleinert. Die
Ablesung erfolgt wieder nach 30 s in IR Härte Werten.

Rückprallelastizität

Die Prüfung der Rückprallelastizität oder Stoßelastizität S nach DIN 53512
dient zur Beurteilung des elastischen Verhaltens von Gummi bei schlagartiger
Beanspruchung. Die Prüfung erfolgt mittels eines Rückprallpendels (Abb.
11.1). Der Pendelhammer fällt aus horizontaler Lage des Armes auf die Probe
und prallt von dieser wieder zurück. Die Rückprallhöhe, die immer kleiner ist
als die Fallhöhe, ist ein Maß für die Elastizität des Vulkanisates. Die Angabe
des Ergebnisses erfolgt in % der Fallhöhe. Diese Methode hat als schnell
durchführbare Prüfung den Vorteil eines Zusammenhanges mit den Meßgrößen
dynamischer Modul E' und Verlustmodul E'' der viskoelastischen Eigenschaften eines Vulkanisates durch die in Gl. (11.1) angegebene Beziehung:

$$S = \left(1 - \tau\frac{E'}{E''}\right) \times 100\% \qquad (11.1)$$

Kerbzähigkeit

Unter Kerbzähigkeit nach DIN 53515 versteht man jene Kraft, die notwendig
ist, den Widerstand einer Gummiprobe einerseits gegenüber dem Einreißen,
andererseits gegenüber dem Weiterreißen zu überwinden. Die Prüfungen

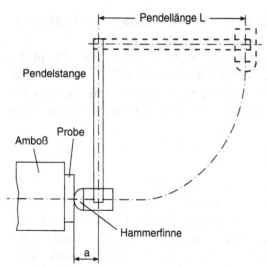

Abb. 11.1. Rückprallpendel

werden auf der Reißmaschine durchgeführt. Die Kerbzähigkeit einer Mischung wird von verschiedenen Faktoren beeinflußt, und zwar von der Probenform, der Art des Einschnittes, der Verformungsgeschwindigkeit beim Prüfvorgang und der Temperatur. Bei Entnahme der Proben aus Platten oder gespritzten Profilen ist auf die Kalander- bzw. die Spritzrichtung zu achten, da die Kerbzähigkeit auch von Orientierungserscheinungen abhängig ist. Es sollen dazu immer jene Prüfbedingungen gewählt werden, die dem späteren Verwendungszweck der Mischung entsprechen (Abb. 11.2).

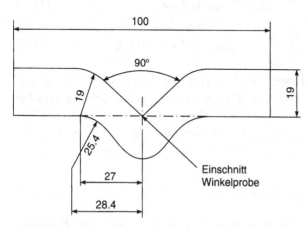

Abb. 11.2. Kerbzähigkeitsprüfkörper

Für die Prüfung auf Einreißen werden sogenannte Winkelproben nach Graves benützt. Zur Untersuchung des Weiterreißens werden solche Prüfkörper an ihrer Kerbstelle mit einem feinen Rasierklingenschnitt versehen. Das

Maß für die Kerbzähigkeit ist die Kraft bis zum Zerreißen des Prüfkörpers bezogen auf die Prüfkörperdicke bzw. Rißbreite in N/cm.

Die bis hierher angeführten Eigenschaften werden nicht nur bei Raumtemperatur, sondern auch bei höherer Temperatur, meist 100°C geprüft, um dem Gebrauchsverhalten möglichst nahe zu kommen, da auf der Straße und auf der Prüftrommel bei LKW und PKW Reifen ebenfalls Reifentemperaturen von etwa 100°C auftreten.

Bleibende Verformung

Wird eine Gummiprobe einer lang andauernden Zug- oder Druckbeanspruchung ausgesetzt, so tritt eine Verformung auf, die auf Grund des in jedem Vulkanisat noch vorhandenen plastischen Anteils auch nach Aufhören der Belastung zum Teil erhalten bleibt, also irreversibel ist. Der Druckverformungsrest nach DIN 53517, auch Compression Set genannt, hängt bei ein- und derselben Mischung von der Größe der Verformung, der Höhe der Belastung, der Zeitdauer der Verformung, der Temperatur und der Entlastungszeit ab.

Je nachdem, ob die Prüfung unter konstanter Belastung oder unter konstanter Verformung durchzuführen ist, was üblicherweise vom späteren Verwendungszweck abhängt, wird der Druckverformungsrest in % der ursprünglichen Höhe des Prüfkörpers nach Gl. (11.2) oder Gl. (11.3) errechnet, wobei h_0 die ursprüngliche Höhe, h_1 die verformte und h_2 die nach 30 min Entlastung verformt gebliebene Höhe bedeuten.

$$c_P = \frac{h_0 - h_2}{h_0} \times 100 \text{ konstante Last} \qquad (11.2)$$

$$c_V = \frac{h_0 - h_2}{h_0 - h_1} \times 100 \text{ konstante Verformung} \qquad (11.3)$$

In der Praxis werden in der Regel 3 Probekörper von 16 mm Durchmesser und 6 mm Höhe zwischen geschliffenen Platten belastet bzw. verformt und bei einer Raumtemperatur von 70°C oder 100°C 24 Stunden lang beansprucht. Die bleibende Verformung ist ein gutes Kriterium zur Bestimmung des Vulkanisationsoptimums.

Statisches Fließen unter Zugbeanspruchung

Unter dem Fließen einer Gummimischung wird jene über die elastische Verformung hinausgehende Formveränderung verstanden, welche sich besonders unter langdauernder Einwirkung einer Spannung infolge der Ausrichtung der Moleküle ergibt. Um das Fließen und die Thermoplastizität eines Vulkanisates zu bestimmen, werden streifenförmige, 40 cm lange Prüfkörper bei Raumtemperatur und 100°C einer einachsigen Zugbeanspruchung von 100 N/cm^2 unterworfen und bei dieser konstanten Belastung ein Zeit-Dehnungsdiagramm aufgenommen. Vorteilhaft geschieht dies in einer adaptierten Wärmekammer, die eine größere Anzahl von Prüfkörpern gleichzeitig an deren unteren Enden zu belasten gestattet und mit jeweils einer Vorrichtung versehen ist, welche die Dehnungsänderung aufzuzeichnen ermöglicht. Hieraus kann danach sowohl die der Belastung bei Raum- und Hochtemperatur entsprechende elastische Dehnung, als auch die durch das Fließen entstehende Längenveränderung abgelesen werden. Das Wachstum der Reifen im Gebrauch ist auf dieses Fließen zurückzuführen.

Spezifisches Gewicht

Eine gut brauchbare Methode zur Charakterisierung eines Vulkanisates und damit auch zur ersten Kontrolle bei der Mischungsherstellung ist die Bestimmung des Gewichtes pro Volumseinheit. Die Messung erfolgt im Auftriebsverfahren. Eine Differenzwägung des Prüfkörpers in Luft und destilliertem Wasser mittels einer genauen Schnellwaage sorgt für eine rasche Ermittlung des spezifischen Gewichtes auf 5/1000 genau, Gl. (11.4).

$$\gamma = \frac{G}{V} \qquad (11.4)$$

Wärmeleitfähigkeit

Die Kenntnis der Wärmeleitzahl λ eines Vulkanisates aber auch der Rohmischung ist für eine kautschukverarbeitende Industrie und für deren Produkt Reifen eine Notwendigkeit. Zum einen ist sie von Einfluß bei der Vulkanisation und beeinflußt hier die Geschwindigkeit des ablaufenden Vernetzungsprozesses, zum anderen ist sie für die Wärmebildung des Vulkanisates im dynamisch beanspruchten Reifen dadurch beteiligt, als sie die Wärmeableitung bestimmt. Die Wärmeleitzahl ist eine temperaturabhängige Materialeigenschaft und gibt den Wärmestrom dQ/dt in einem gegebenen Temperaturfeld an, der die Meßfläche A unter der Wirkung des Temperaturgefälles in senkrechter Richtung durchströmt, Gl. (11.5).

$$\lambda = -\frac{1}{A} \frac{dQ}{dt} \frac{dx}{dT} \; W/m, °C \qquad (11.5)$$

Die Meßapparatur ist nun derart aufgebaut, daß den Prüfkörper ein definierter Wärmestrahl durchfließt, hervorgerufen durch zwei gegenüber liegende auf unterschiedliche Temperatur durch Thermostate geregelte Platten. Durch Messung der Grenzschichttemperaturen, des Wärmestromes durch einen Heat Flow Transducer mittels Thermoelementen und der Dicken im Vergleich zu einem Vergleichsnormal aus Pyrexglas wird die Wärmeleitzahl in Abhängigkeit von der Temperatur meß- und errechenbar, Gl. (11.6). Dabei stehen die

Indizes P und V für Probe bzw. Vergleichsnormal, ϕ für den Wärmefluß, x für die Dicke und T für die Temperatur. Die Wärmeleitzahl für Reifenvulkanisate liegt etwa zwischen 0,22 und 0,28 W/m, °C.

$$\lambda_P = \lambda_V \frac{\phi_P}{\phi_V} \frac{T_V}{T_P} \frac{x_P}{x_V} \tag{11.6}$$

Dynamische Prüfungen

Viskoelastische Eigenschaften von Vulkanisaten

Jedes Vulkanisat hat zum Teil elastische, zum Teil plastische, viskose Eigenschaften. Man spricht daher auch von viskoelastischen Eigenschaften. Es gibt zahlreiche Theorien, welche diese viskoelastischen Eigenschaften beschreiben, wie das Maxwell Modell, welches eine Hook'sche Feder und einen Newton'schen Dämpfer in Serie schaltet, oder das Voigt-Kelvin Modell als Parallelschaltung dieser beiden. Diese einfachen Modelle, die nur für rein lineares Verhalten der Vulkanisate ganz entsprechen, können durch Superposition und Kombination auf 4-parametrige Modelle erweitert werden, die dann auch langzeitelastisch wirksame Rückstellkräfte und Fließeigenschaften qualitativ richtig wiedergeben (Abb. 11.3).

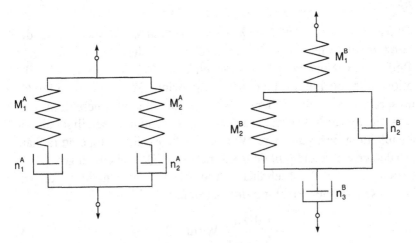

Abb. 11.3. Gummimodelle

Das viskoelastische Verhalten wird durch den komplexen Modul E* beschrieben, der sich aus dem dynamischen Modul und dem Verlustmodul zusammensetzt, Gl. (11.7):

$$E^* = E' + iE'' \tag{11.7}$$

Je nach Art der Wechselverformungen kann es sich um Zug, Druck oder Schub handeln, so daß Druck-, Zug- (E*) und Schermodul (G*) unterschieden werden. Selbstverständlich muß man trachten, eine der Verformung des Artikels ähnliche Wechselverformung für die Prüfung zu wählen. Jedoch ist dies im Falle des Reifens nicht einheitlich möglich, da die einzelnen Reifenteile verschiedenen Beanspruchungen oder Kombinationen davon unterliegen, z.B. Dessinblöcke der Lauffläche hauptsächlich auf Druck, Aufpreßmischungen auf Schub mit wechselnder Richtung. Abgesehen davon, daß die Größen zusammenhängen und sich ineinander überführen lassen, ist diese Unterscheidung für die Mischungsentwicklung von geringerer Bedeutung, als manchmal angenommen wird. Bei der Prüfung handelt es sich hauptsächlich darum, den elastischen Anteil der Deformation vom viskosen zu trennen, was bei jeder Beanspruchung möglich ist. Vielmehr ist es bei rußgefüllten Vulkanisaten wesentlich, eine genügend große Verformung bei der Prüfung zu erzwingen, damit die Ruß/Kautschukbindungen sowie die Ruß/Rußbindungen durch größere Verformungen gebrochen werden, was zu einem bedeutenden Abfall des dynamischen Moduls führt. Einen ebenso wesentlichen Einfluß hat die Prüftemperatur, die den Gebrauchsbedingungen nachgestellt werden muß.

Die Änderung dieser beiden Prüfbedingungen kann zu Umreihungen in den Ergebnissen von verschieden zusammengesetzten Vulkanisaten führen. Die Wahl einer dem Gebrauch nachgeahmten Verformungsfrequenz ist naheliegend. Für Reifenvulkanisate empfiehlt sich eine Prüffrequenz von etwa 100 Hz.

Die genannten Forderungen können nur mit kleinen Probekörpern erfüllt werden, die bei dieser hohen Frequenz ohne ungewöhnlichen Kraftaufwand genügend große Verformungen erfahren. Die Eigenerwärmung kleiner Probekörper ist während der Prüfung gering, so daß die Prüftemperatur tatsächlich vorbestimmt werden kann.

Die Prüfung erfolgt mit Hilfe eines elektrodynamischen Schwingsystems als Antrieb, mit federnd aufgehängter Achse und beiderseitig eingespannten, auf Druck statisch vorverformten zylindrischen Prüfkörpern von 10 mm $\varnothing$ × 20 mm, welche temperiert werden können. Dieses System des sogenannten „Elastodyn" bildet durch die mechanische Kopplung der schwingenden Apparatemasse mit der Gummiprobe ein Feder-Masse-Dämpfungssystem, welches durch Beaufschlagung einer äußeren sinusförmigen Wechselkraft in Schwingung mit konstanter Schwingungsamplitude gehalten wird und von den viskoelastischen Eigenschaften der Gummiprobe beeinflußt wird. Der Vorgang ist mathematisch darstellbar durch die inhomogene lineare Differentialgleichung 2. Ordnung Gl. (11.8), mit der stationären Lösung Gl. (11.9):

$$m\ddot{x} + k_1\dot{x} + k_2 x = P_0 \sin \omega t \qquad (11.8)$$

$$x = x_0 \sin (\omega t - \delta) \qquad (11.9)$$

Durch Aufsuchen des Resonanzfalles während der Prüfung ist die Gleichung lösbar und es lassen sich die Größen E' und E" direkt berechnen.

Ebenso wie im Druckschwingbereich läßt sich diese Apparatur mit Hilfe geeigneter Klemmen auch für Zug- und Schubschwingprüfungen einsetzen, so- daß auch aus Reifenbauteilen herausgearbeitete dünne Prüfkörper und zwischen Stahlkorden lagernde Vulkanisate, wie z.B. Gürtelaufpressungen, auf ihre viskoelastischen Eigenschaften hin geprüft werden können (Abb. 11.4). Die Resonanzfrequenz bei dieser Prüfung liegt zwischen 70 und 100 Hz, entspricht also sehr gut den Gebrauchsbedingungen.

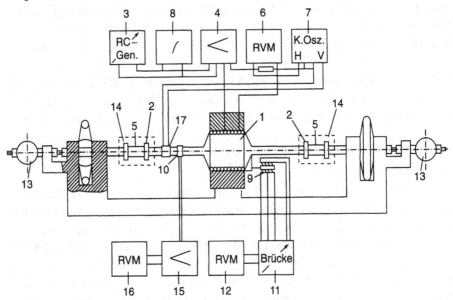

Abb. 11.4. Druckschwinger. *1* Schwingspule; *2* Probenteller; *3* RC Generator; *4* Leistungsverstärker; *5* Probe; *6* Voltmeter; *7* Oszillograph; *8* Frequenzzähler; *9* Wegaufnehmer; *10* Kraftmeßdose; *11* Meßbrücke; *12* Voltmeter; *13* Meßuhr; *14* Heizkammer; *15* Verstärker; *16* Voltmeter; *17* Geschwindigkeitsaufnehmer

Je nachdem, ob im Einsatz nun ein Vulkanisat unabhängig von seinem Modul unter konstanter Deformation oder unter Einfluß seines Moduls unter konstanter Kraft erfolgt, bzw. eine Kombination beider Beanspruchungsarten darstellt, läßt sich eine Proportionalität aus den Größen E' und E" für die Wärmebildung errechnen, Gl. (11.10), wobei C" as Verlustnachgiebigkeit und d als Verlustfaktor bezeichnet werden.

$$\Delta T \approx \frac{E''}{\lambda} \approx E'' \qquad \text{konstante Deformation}$$

$$\Delta T \approx C'' = \frac{E''}{E^{*2}} \qquad \text{konstante Kraft} \qquad (11.10)$$

$$\Delta T \approx \frac{E''}{E'} = d = tan\ \delta \quad \text{konstante Verformungsenergie}$$

Läßt sich umgekehrt durch empirische Untersuchungen eine Korrelation der Wärmebildung mit den viskoelastischen Kenngrößen E' und E'' errechnen, so kann daraus auf die Beanspruchungsart geschlossen werden. Es ist naheliegend, daß diese dynamischen Kenngrößen auch den Rollwiderstandsverlust eines Reifens gut beschreiben können.

Dauerwechselfestigkeit

Wegen des großen Einflusses, den Sauerstoff und Temperatur auf die Dauerwechselfestigkeit haben, ist bei den Prüfungen zu beachten, welche Bedingungen in Praxis und Prüfung bestehen. Des weiteren ist zwischen der unter Zug-Wechselverformungen von der Oberfläche des Vulkanisates her einsetzenden Rißbildung und der im Inneren eines Vulkanisates beginnenden Rißbildung und/oder Degradation zu unterscheiden. Bei dem ersten Vorgang haben Sauerstoff und Ozon ungehindert Zutritt und beschleunigen den Zerstörungsvorgang. Bei Einsetzen der Zerstörung im Inneren des Vulkanisates ist die Temperatur entscheidend. Bei Reifen treten beide Zerstörungsformen auf, nämlich äußere Rißbildung der Lauffläche und bei PKW auch in der Seitenwand, sowie Rißbildung und/oder Degradation im Inneren.

Wärmeentwicklung und Zermürbung

Wird ein Vulkanisat einer dynamischen Beanspruchung nach DIN 53533 unterworfen, dann ist dieser Vorgang entsprechend seinen viskoelastischen Eigenschaften mit der Bildung einer bedeutenden Wärmemenge verbunden, die bei voluminösen Artikeln und durch die begrenzte Ableitung zu beträchtlichen Temperaturen führt. Durch diese kann Degradation des Gummis eintreten, was mit der Zerstörung des Materials, der sogenannten Zermürbung, endet. Sowohl die Wärmeentwicklung als auch die Zermürbung werden in Rotationsflexometern geprüft. Auch hier gilt es wieder, die Entscheidung zwischen Beanspruchung bei konstanter Deformation oder Kraft zu treffen (Abb. 11.5).

Die Prüfkörper von 20 mm Ø × 20 mm Höhe werden in achsialer Richtung zusammengedrückt, haften somit selbständig auf den Aufstandstellern, und danach senkrecht zur Laufachse ausgelenkt, so daß es zu einer Wechselscherbeanspruchung kommt, wenn der eine Aufstandsteller mit 1500 U/min in Rotation versetzt wird (Abb. 11.6). Nach einer Laufzeit von 15 min hat sich im Zentrum der Probe eine der Hysteresis des Vulkanisates entsprechende maximale Temperatur aufgebaut und eingestellt, die unmittelbar nach Herausnahme des Prüfkörpers mittels Einstichthermometer gemessen wird. Im Falle von Zermürbungsprüfungen wird die Laufzeit bis zu Beginn der Zermürbung, d.h. bis zum Auftreten von Poren im Zentrum der Probe, festgehalten. Geschieht dies mit einer Anzahl gleicher Prüfkörper hinter-

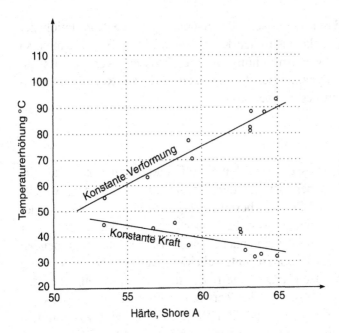

Abb. 11.5. Vulkanisate mit unterschiedlichem Modul im Rotationsflexometer

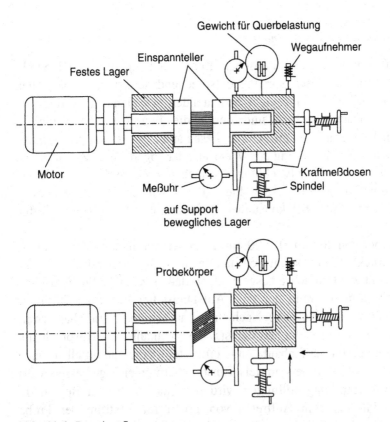

Abb. 11.6. Rotationsflexometer

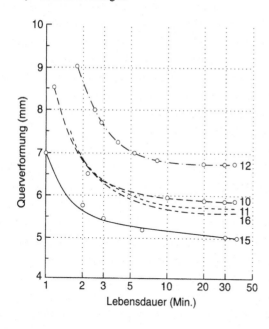

Abb. 11.7. Lebensdauer von Vulkanisaten in Abhängigkeit von der Querverformung

einander bei stufenweise erhöhten Querauslenkungen, so gestatten die Laufzeit- oder Lastwechselergebnisse die Darstellung als Wöhlerkurven (Abb. 11.7).

Während für die Prüfungen der Wärmeentwicklung homogene Prüfkörper verwendet werden, ist es in der Praxis häufig so, daß ein Vulkanisat nicht durch eigene Wärmebildung zerstört wird, sondern durch die in den Nachbarmischungen gebildete Wärme. Für die Zermürbungsprüfung wurde daher dafür ein praxisnahes Verfahren, die sogenannte Sandwich Methode entwickelt. Dabei werden geschichtete Proben verwendet: Zwischen die beiden Schichten aus einer immer gleichbleibenden Einbettmischung wird die zu prüfende Qualität vulkanisiert. Der Prüfkörper nimmt dann die den dynamischen Eigenschaften der Einbettmischung entsprechende Temperatur an. Dadurch ist es möglich, verschiedene Mischungen mit unterschiedlicher Wärmeentwicklung bei gleicher Temperatur auf ihre Zermürbungsbeständigkeit zu untersuchen, wie dies im Reifen bei dünnen Aufbauteilen, z.B. Unterplatten und Puffern zutrifft (Abb. 11.8). Den Zusammenhang und die gute Übereinstimmung dieser empirischen Methode der Wärmebildung mit dem Rotationsflexometer einerseits und den im vorigen Abschnitt behandelten viskoelastischen Kenngrößen E' und E'' für eine Anzahl von Betriebsvulkanisaten zeigen Abb. 11.9 und Abb. 11.10.

Rißbildung und Rißwachstum

Nach DIN53522 handelt es sich dabei um die Feststellung der äußeren Rißbildung eines Vulkanisates. Die sogenannte De Mattia Prüfung dient

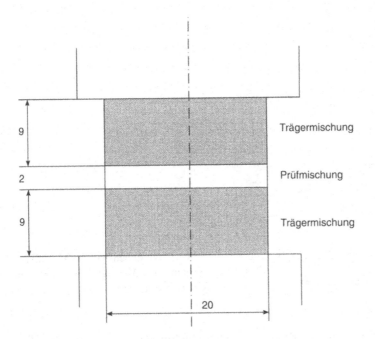

Abb. 11.8. Geschichteter Prüfkörper

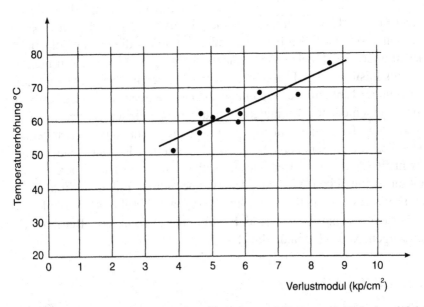

Abb. 11.9. Zusammenhang zwischen Temperaturerhöhung und Verlustmodul bei konstanter Verformung

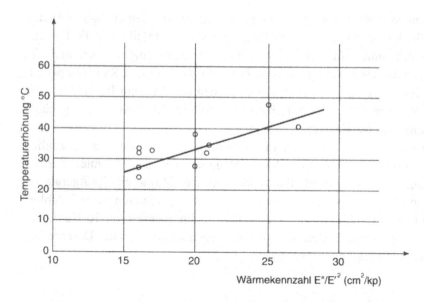

Abb. 11.10. Abhängigkeit der Temperaturerhöhung bei konstanter Kraft von viskoelastischen Eigenschaften

einerseits zur **Beurteilung des Widerstandes einer Gummiprobe** gegenüber **Rißentstehung,** andererseits gegenüber **Rißwachstum bei dynamischer Knickbeanspruchung** (Abb. 11.11). Die mit einer zylindrischen Rille versehenen

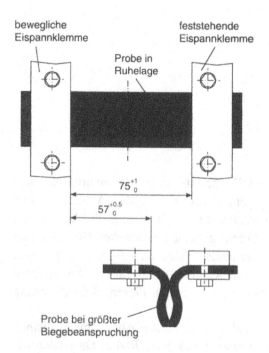

Abb. 11.11. De Mattia Prüfung

eingespannten Proben werden in bestimmten Zeitintervallen bezüglich Anzahl
und Größe der am Rillengrund entstandenen Risse beurteilt. Für die Prüfung
des Rißwachstums wird die Probe mittels Lanzette eingestochen und das
Weiterwachsen des Risses gemessen. Die Prüfung kann bei Raumtemperatur
und höheren Temperaturen durchgeführt werden und dient zur Beurteilung von
Laufstreifen- und Seitenwandmischungen bezüglich des Verhaltens gegenüber
der Bildung von Dessinrissen.

   Da zu einer vollständigen Charakterisierung eines Vulkanisates bezüglich
seines Verhaltens beim Weiterreißen Messungen über den gesamten Bereich
der Weiterreißenergie erforderlich sind, sind auch Zugwechselprüfgeräte im
Einsatz, mit welchen bei unterschiedlichen Prüfkörperdehnungen auf stabför-
mige Proben Zugwechselbeanspruchungen mit Frequenzen um 10 Hz durchgeführt werden können. Hier wird die Lastwechselzahl bis zum Durchreißen
der Proben als Maß genommen (Abb. 11.12).

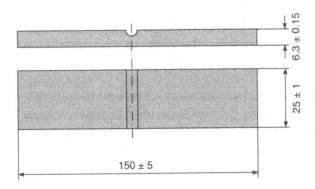

Abb. 11.12. Probekörper mit Nut

Verschleißprüfung

Abrieb

Die Prüfung des Abriebes nach DIN 53516 dient zur Beurteilung des
Widerstandes eines Vulkanisates gegenüber einer reibenden Abnützung. Die
nach DIN genormte Methode verwendet dazu zylindrische Prüfkörper, die
mit 1 kg Belastung an eine mit Schmirgelleinen definierter Körnung und
Angriffsschärfe überzogene, sich drehende Walze angedrückt werden und
derart einen Schleifweg von 40 m zurücklegen. Als Maß für den Abrieb dient
der gravimetrisch ermittelte Volumsverlust durch diesen Schleifvorgang
(Abb. 11.13).

   Diese Methode steht in krassem Widerspruch zu den Abriebsmechanismen
an einem Reifen mit der Ausnahme eines blockierten Rades. Da jedoch die
Vorgänge beim Abrieb äußerst komplex sind, existiert weltweit trotz vieler

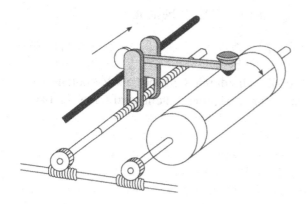

Abb. 11.13. DIN Abrieb

Versuche keine korrelierende Methode. Es ist nun zwar nicht möglich, Vulkanisate mit unterschiedlichen Polymeren in ihrem Abriebsverhalten zueinander richtig zu bewerten, doch eignet sich die Prüfmethode gut zur Feststellung der Gleichmäßigkeit im Produktionsprozeß, bei Mischungsvariationen mit gleichen Polymeren sowie zur Entscheidung über Abriebsreklamationen, indem die beanstandete Reifenlauffläche mit den Kontrolldaten aus dem Erzeugungszeitraum verglichen werden kann.

Gasdurchlässigkeit

Der Durchgang eines Gases durch eine feste Probe, die sogenannte Permeabilität, erfolgt durch Lösung des Gases in der Probe, Diffusion durch die Probe und Verdampfen aus der Probe, nach DIN 53536. Die kennzeichnende Konstante für diesen Vorgang ist der Permeabilitätskoeffizient Q, der angibt, welches Gasvolumen bei einer gegebenen Druckdifferenz in einer bestimmten Zeit durch eine Probe bekannter Fläche und Dicke hindurchtritt.

Aus der Differentialgleichung, die den Permeabilitätsvorgang beschreibt, ergibt sich für den Fall der planparallelen Platte mit einem konstanten Druck $p_2 > p_1$ im stationären Zustand Gl. (11.11), mit V als das durch die Probe diffundierte Gasvolumen, A der Probenfläche, d der Probendicke, p_1 dem Gasdruck auf der Ausgangsseite und t der Versuchsdauer.

$$Q = \frac{V}{t} \frac{d}{A(p_2 - p_1)} \quad m^2 Pa^{-1} s^{-1} \qquad (11.11)$$

Da es sich beim Diffundieren des Gases innerhalb der Probe um Platzwechselvorgänge hendelt, ist die Permeabilität temperaturabhängig. Häufig wird auch die Gasdurchlässigkeit D als Maß angegeben, wobei zwischen D und Q die Beziehung nach Gl. (11.12) besteht.

$$D = \frac{Q}{d} \qquad (11.12)$$

Die Messung erfolgt in einer Kammer, die durch die Probe als Membrane mit Dichtfunktion nach außen in zwei Kammerhälften geteilt wird (Abb. 11.14).

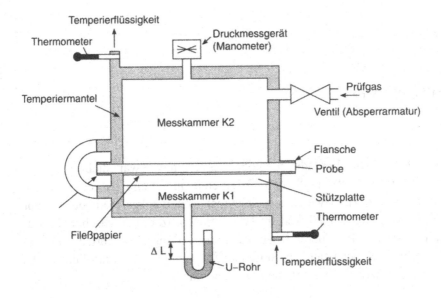

Abb. 11.14. Gasdurchlässigkeitsprüfung

Das nach einer Anlaufphase linear mit der Zeit diffundierende Gas, z.B. Luft, wird durch Volumsmessung in einem U-Rohr bestimmt. Eingesetzt wird diese Prüfmethode für Innenplattenmischungen bei Tubeless Reifen und bei Schlauchmischungen.

Reibungskoeffizient

Eine der wichtigsten Eigenschaften eines Reifens ist seine Rutschfestigkeit auf trockener wie auf nasser Fahrbahn, sowie auch sein Eisgriff auf winterlichen Straßen, ausdrückbar durch den Reibungskoeffizienten μ seines Laufstreifenvulkanisates nach Gl. (11.13), mit R als Reibkraft und N als Normallast.

$$\mu = \frac{R}{N} \qquad (11.13)$$

Eine gute Charakterisierung dieser Griffverhältnisse gibt ein einfaches Pendelgerät, der Skid Resistance Tester. Dieses Gerät arbeitet bei einer konstanten, einer mittleren Fahrgeschwindigkeit entsprechenden Gleitgeschwindigkeit unter konstanter, nicht variierbarer Normallast. Speziell auf

Eis gestattet der Skid Resistance Tester Mischungsreihungen festzulegen (Abb. 11.15). Selbstverständlich bezieht sich bei dieser Prüfung jede Aussage nur auf die Vulkanisateigenschaften des Laufstreifens, die nur bei gleichem Reifenaufbau und gleichem Profil auch auf die Fahreigenschaften im Reifeneinsatz übertragbar ist.

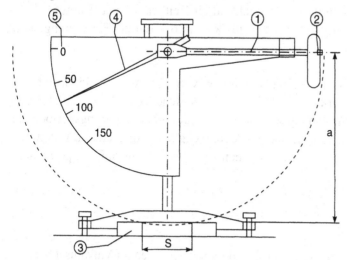

Abb. 11.15. Skid Resistance Tester. *1* Pendelarm; *2* Prüfkörper; *3* Reibbelag; *4* Schleppzeiger; *5* Skala; *S* Schleifweg

Alterung von Vulkanisaten

Unter dem Begriff Alterung versteht man die Gesamtheit aller im Laufe der Zeit in einem Material irreversibel ablaufenden chemischen und physikalischen Vorgänge, die zur Verschlechterung von Gebrauchseigenschaften führen. Chemische Alterungsvorgänge sind solche, die unter Veränderung der chemischen Zusammensetzung, der Molekularstruktur oder der Molekülgröße des Materials oder zumindest einer seiner Komponenten ablaufen. Als physikalische Alterungsvorgänge werden Veränderungen des Aggregatzustandes, des Gefüges, des Konzentrationsverhältnisses bei Mehrstoffsystemen oder Veränderungen der äußeren Form und Struktur sowie meßbarer physikalischer Eigenschaften verstanden.

Alterungsursachen können generell in „innere" Ursachen, nämlich thermodynamisch instabile Zustände und „äußere" Ursachen, nämlich chemische und physikalische Einwirkungen der Umwelt auf das Material eingeteilt werden. Bei Natur- und Synthesekautschukvulkanisaten sind folgende Einwirkungsprozesse zu unterscheiden:

– Thermisch-oxydative Alterung durch Sauerstoff und Wärme
– Ermüdungsrißbildung durch Sauerstoff und mechanische Beanspruchung

- Ozonrißbildung, sogenanntes Frosting, durch Ozon- und mechanische Beanspruchung
- Elefantenhautbildung durch Sauerstoff, Licht bzw. UV-Strahlung
- Beschleunigte oxydative Alterung durch „ Kautschukgifte" wie Sauerstoff und Schwermetallsalze aus Kupfer, Mangan, Kobalt, Eisen und Blei
- Alterung durch Hydrolyse verursacht durch Heißwasser und Dampf
- Nachvernetzung, Zyklisierung und Reversion durch Einwirkung von Wärme

Die Alterungsgeschwindigkeit hängt außer von der Art und Intensität der verursachenden Einwirkung auch ganz entscheidend von den Umständen der mechanischen Beanspruchung des Materials während der Alterungsperiode ab. Ein typisches Beispiel dafür ist die Ozonrissigkeit: An nicht vorgedehnten Gummikörpern treten die vielen kleinen Ozonrisse nicht auf, an permanent gedehnten aber sehr rasch.

Sauerstoffeinwirkung

Aufgenommener Sauerstoff kann folgende Veränderungen im Vulkanisat hervorrufen:

- Erweichung durch Molekülkettenspaltung indem C–C Bindungen aufgebrochen werden und das Netzwerk des Vulkanisates gelockert wird
- Verhärtung durch Vernetzung von Molekülketten
- Chemische Modifizierung von Polymerketten ohne Vernetzung oder Spaltung, z.B. cis-trans Isomerisierung oder Zyklisierung

Im allgemeinen können diese Reaktionen gleichzeitig ablaufen, jedoch wird je nach Polymertype der eine oder andere Vorgang überwiegen. Naturkautschuk zeigt z.B. am Beginn eine Erweichung und bei fortschreitender Alterung eine zunehmende Verhärtung bis Versprödung.

Ozoneinwirkung

Bei der Alterung von Gummi mit seinen ungesättigten Polymeren spielt Ozon eine große Rolle. Ozon ruft Kettenspaltungen hervor, die bei gleichzeitiger statischer oder dynamischer Beanspruchung zu Rissen an der Oberfläche des Materials führen. Die Risse laufen immer senkrecht zur wirkenden Kraft. Ohne mechanische Spannung bilden sich auf der Oberfläche von Gummi keine Risse, sondern eine „ozonisierte" Schicht, die das weitere Eindringen von Ozon hemmt und die Abbaureaktion verhindert. Dieses Phänomen wird Frosting genannt und führt zu einer „reifartigen" Oberfläche am Reifen.

Wärmeeinwirkung

Wärme wirkt physikalisch und chemisch. Die physikalische Wirkung der Wärme äußert sich in reversiblen Veränderungen, wie Ausdehnung, Verhärtung und Elastizitätsveranderung, führt also zu keinem Alterungsvorgang. Die chemischen Wirkungen sind Abbau und Aufbau von Vernetzungen, wie Depolymerisation oder Übervernetzung, je nach Ausgangszustand des Vulkanisates. Dadurch ergeben sich irreversible Veränderungen der Gebrauchseigenschaften. Die besondere Wirkung der Wärme besteht darin, daß in Gegenwart von Sauerstoff eine starke Beschleunigung des oxidativen Alterungsvorganges erfolgt. Man kann mit einer Lebensdauerabnahme durch thermisch-oxidative Alterung um ca. 10% pro 1° C rechnen.

Wirkung mechanischer Beanspruchung

Am Beispiel der Ozonrißbildung wurde bereits aufgezeigt, daß die mechanische Beanspruchung einen großen Einfluß auf die Alterungsvorgänge ausübt. Abb. 11.16 und Abb. 11.17 zeigen den unterschiedlichen Spannuingsverlauf einer Gummiprobe bei intermittierender und kontinuierlicher Verformung, sowie die Auswirkung dynamischer Verformung auf die Ermüdungsdauer. Es lassen sich bezüglich des Alterungsverhaltens von Gummimischungen unter mechanischer Beanspruchung kaum allgemein gültige Regeln angeben, einerseits wegen der Vielfältigkeit der Netzwerkstrukturen und der daraus folgenden viskoelastischen Eigenschaften des Materials selbst, andererseits

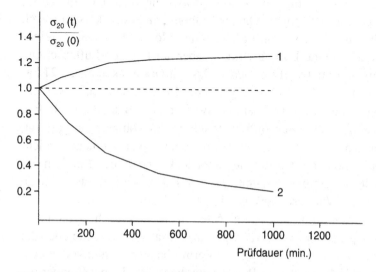

Abb. 11.16. Spannungsrelaxationskurve einer NK Mischung, Prüftemperatur 120°C, 20% Dehnung. *1* intermittierende Verformung, 1 s gedehnt, 5 min entlastet; *2* kontinuierliche Verformung

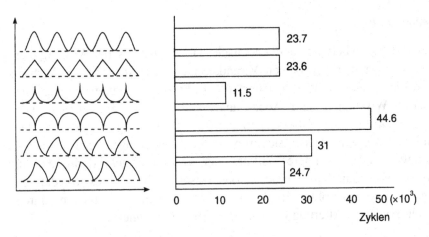

Abb. 11.17. Ermüdungsdauer bei unterschiedlicher zyklischer Verformung mit 74 Hz

wegen der Breitbandigkeit der mechanischen Beanspruchungsarten. Für die Prüfpraxis bedeutet dies allerdings, daß bei der Simulation von Alterungsvorgängen sehr genau die in der Realität auftretenden Alterungsursachen ermittelt und entsprechend nachgestellt werden müssen, wenn man mit der Praxis korrelierende Ergebnisse erzielen will.

Alterungsprüfung

Zu den erwähnten unterschiedlichen Alterungsursachen sind nun auch entsprechende Prüfungen vorhanden, die an die praktischen Gegebenheiten angepaßt sind und auch Kombinationen von Einwirkungen auf das Vulkanisat erlauben. So besteht mit der „Bierer-Davies Bombe", einer druckfesten, durch eine Öffnung beschickbaren Stahlflasche, die Möglichkeit unter reiner Sauerstoffeinwirkung, unter Lufteinwirkung aber auch unter Luftabschluß, durch Verwendung von Stickstoff als inertes Gas mit Gasdrücken bis zu 21 bar und Temperaturen bis 180°C beliebig lange, in der Regel jedoch stufenweise 3, 7, 14 und 28 Tage, zu altern. Eine Wärmeeinwirkung auf Bauteile im Reifen, die vom Luftzutritt abgeschlossen sind, läßt sich wie in Abb. 11.18 aufgezeigt, nachstellen. Zu alternde Vulkanisate werden plattenweise zusammengeschichtet, mit beiderseitig mehreren Deckplatten abgedeckt und an den Rändern mit Eisenrahmen dicht zusammengespannt. Dieses Paket wird danach bis zu mehreren Wochen im Wärmeschrank bei 100°C glelagert.

Zusätzlich zu diesen rein statischen Alterungen sind auch dynamisch-mechanische Beanspruchungen als Prüfungen im Einsatz. So werden neben der bereits behandelten Flexometerprüfung auf Zermürbungsbeständigkeit Wechselverformungen an Vulkanisaten in Pulsern durchgeführt, die bei Frequenzen um 10 Hz bis zu 10^6 Hz aufbringen, wobei die höhere Temperatur aus der Hysterese des Vulkanisates selbst entsteht und durch Veränderungen der

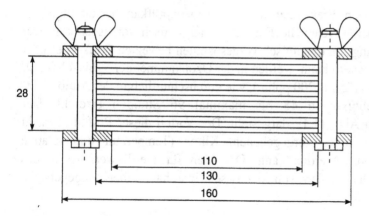

Abb. 11.18. Alterung mit geschichteten Platten

Amplitude auch in Grenzen regelbar ist. Bei diesen Alterungsprüfmethoden erfolgt die Auswertung durch Feststellung der relativen Eigenschaftsveränderungen Δx, wie Festigkeit, Dehnung, Modul, Härte, Kerbzähigkeit und viskoelastische Eigenschaften, aus den Ergebnissen der nicht gealterten Prüfkörper eines Vulkanisates X_U und jenen der gealterten X_A, Gl. (11.14).

$$\Delta x = \frac{X_U - X_A}{X_U} \times 100\% \qquad (11.14)$$

Bewitterung

Die Bewitterungsprüfung schließlich, die der Beurteilung des Widerstandes von Vulkanisaten gegenüber von Atmosphärilien, vor allem gegenüber Ozon

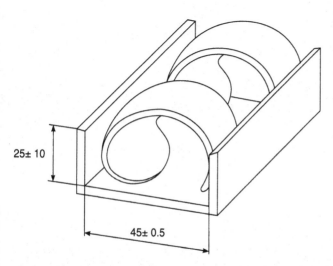

Abb. 11.19. Scheibenförmige Normproben

dient, kann im Freien direkt oder aber in der Ozonprüfkammer durchgeführt werden. Während im Freien die Exposition der statisch vorgespennten oder gelagerten oder langsam dynamisch vorgespannten bewegten Prüfkörper über mehrere Wochen dauern kann, werden in der Ozonkammer bei 5- bis 40-facher Ozonkonzentration (25 bis 200 pphm), wie durchschnittlich in der Atmosphäre vorhanden, Ergebnisse in 48 bis maximal 96 Stunden erreicht. Der Probekörper ist in Abb. 11.19 dargestellt. Der Vorteil dieser Prüfung besteht weiter darin, daß unter vorgegebenem Klima (Temperatur und relative Feuchtigkeit) geprüft werden kann. Das Maß für die Bewertung ist das Vorhandensein oder Fehlen von Feinrissen innerhalb einer vorgegebenen Expositionszeit.

12 Produktprüfung

Bei der Auslegung der Reifen muß eine Vielzahl von sich gegenseitig beeinflussenden Reifeneigenschaften beachtet werden, wie Tabelle 12.1 entnommen werden kann. Die bestehende Vielfalt von Eigenschaftsanforderungen kann verständlicherweise nicht mit einer einzigen Prüfung erfaßt werden. Vielmehr ist es erforderlich, für jede der verlangten Eigenschaften spezielle Prüfmethoden und Prüfeinrichtungen zu entwickeln und anzuwenden Tabelle 12.2.

Verifikation

Nach Jackson und Ashton 1993 spielt in ISO 9000 die Verifikation bei der Entwicklung neuer Produktideen hinsichtlich struktureller Haltbarkeit, Fahrsicherheit, Komfort und Wirtschaftlichkeit eine große Rolle. Die Verifikation erfolgt in der FEM Berechnung oder in der Reifenprüfung.

Prüfung der strukturellen Haltbarkeit

LKW Radialreifenkarkassen erreichen heute nach mehrmaliger Runderneuerung Laufleistungen von über 300.000 km, bei einer Lebensdauer von mehreren Jahren. Dabei finden etwa $\approx 10^8$ Lastwechsel statt. Beim PKW Reifen sind es $\approx 10^7$ Lastwechsel. Während an der Gürtelkante der Reifenaußenseite am Fahrzeug immer die höchsten Materialtemperaturen auftreten, finden wir die größten Schubspannungen an der Reifeninnenseite. Die Gürtelseparationen treten ebenfalls zumeist an der Reifeninnenseite auf, sind also durch die Schubspannungen verursacht und nicht durch die höchste Bauteiltemperatur im Reifen. Allerdings gilt für die Materialermüdung das Arrhenius Gesetz, demzufolge eine um 10°C höhere Bauteiltemperatur halbe Lebensdauer bedeutet.

Bei genauer Analyse findet man den Beginn der Separation meist unter der 1. Wendel des äußeren Gürtelstahlkordes und zwar eindeutig im Gummi (Abb. 12.1, Abb. 12.2). Analysen von total zerstörten Reifen, womöglich noch im luftleeren Zustand einige Zeit am Fahrzeug weich und warmgefahren mit eindeutigen Degradationserscheinungen, wie sie dem Gutachter sehr oft vorliegen, können allerdings leicht zum Schluß führen, daß der Defekt im

Tabelle 12.1. Gegenseitige Beeinflussung der Reifeneigenschaften

Anforderungen	Konstruktive Maßnahmen	Beeinträchtigungen

Gute Federungseigenschaften
Fahrkomfort
Abrollkomfort
	großes Volumen
	niedriger Luftdruck
	stumpfer Fadenwinkel
	runder Reifen, starke Laufflächen-
	   krümmung
	Laufflächenmischung mit hoher
	   Dämpfung
		begrenzte Schnellauftüchtigkeit
		größere Unterbaubeanspruchung
		größere Abnutzung
		höhere Erwärmung

Niedriger Rollwiderstand
geringe Erwärmung
	höherer Luftdruck
	spitzer Fadenwinkel
	niedrigere Gravierungstiefe
	Gürtelbauart
	dünne Reifenseitenwand
	verringerte Einlagenzahl
	Mischungen mit geringer Dämpfung
		weniger gute Federungsei-
		   genschaften, schlechterer
		Bodenkontakt, niedrige
		   Abriebslebensdauer, geringere
		Durchschlagsfestigkeit der Wand
		geringere Rutschfestigkeit auf
		   nasser Straße

Gute Zugkraftübertragung kurze Bremswege auf nasser und schlüpfriger Fahrbahn	querliegende Profilstollen weitgehende Feinprofilierung flache Lauffläche breite Lauffläche	geringere Laufruhe sägeförmige Abnutzung stärkeres Abrollgeräusch größere Lenkanstrengung beim Parken

Sichere Seitenführung
besondere Seitenführungs-
   eigenschaften in Abstimmung
   auf Fahrzeugtyp
	höherer Luftdruck
	spitzer Fadenwinkel
	längsorientiertes Profil
	Rundschulter
	niedriges Höhen-Breiten-Verhältnis
	Verbreiterung d. Felgenmaulweite
	Luftdruckabstimmung vorn-hinten
		geringerer Fahrkomfort
		weniger gute
		Federungseigenschaften, höhere
		   Schulterbeanspruchung

Lange Abrieblebensdauer
gleichmäßige Laufflächen-
   abnutzung
	hohe Gravierungstiefe
	Versteifung d. Laufflächenpartie
	   (Gürtelbauart)
	gleichmäßige Bodendruckverteilung
	   durch Profilgestaltung
		begrenzte Schnellauftüchtigkeit
		größere Erwärmung
		geringere Abrollweichheit

Betriebssicherheit bei hohen
   Fahrgeschwindigkeiten
Schnellauftüchtigkeit
Platzsicherheit
	hochfeste Gewebesorten
	(Super-Rayon, Nylon)
	dünne Reifenwand
	spitzer Fadenwinkel
	hitzebeständige Mischungen
	schlauchlose Ausführung
		bei Nylon Flachstellen nach
		   längerem Stillstand
		geringerer Fahrkomfort

Geringes Fahrgeräusch	Profil: Längsrippen, keine
	   Feinprofilierung, keine
	   Quereinschnitte
		geringere Rutschfestigkeit
		   auf nasser Straße

a) beim Ablauf geradeaus b) beim Kurvenfahren	Gewebeunterbau: Rayon Laufflächenmischung: mit hoher Dämpfung	höherer Rollwiderstand

Winterfahrbarkeit
Kraftübertragung auf Schnee
Kraftübertragung auf Eis
	grobstolliges Winterprofil
	Spikes
	Lamellen
		größere, evtl. sägeförmige
		   Abnutzung, begrenzte
		Schnellauftüchtigkeit, geringere
		   Laufruhe, stärkeres
		Fahrgeräusch, begrenzte
		   Zweckmäßigkeit auf trockener,
		   schneefreier Straße

Geländegängigkeit	großes Volumen niedriger Luftdruck grobstolliges Profil anpassungsfähige Karkasse	höhere Erwärmung begrenzte Eignung für höhere Fahrgeschwindigkeiten

Tabelle 12.1 (*Fortsetzung*)

Anforderungen	Konstruktive Maßnahmen	Beeinträchtigungen
Geringere Unwucht gleichmäßige Wandsteifigkeit geringer Höhen- u. Seitenschlag	Maß-u. Gewichtskontrolle der einzelnen Bauelemente besondere Sorgfalt bei der Herstellung	
Gebrauchstüchtigkeit d. Unterbaues	ausgewogene Gewebekonstruktion Mischungsrezeptur	
Alterungsbeständigkeit von Lauffläche und Seitenwand	beanspruchungsgerechte Formenkonstruktion	

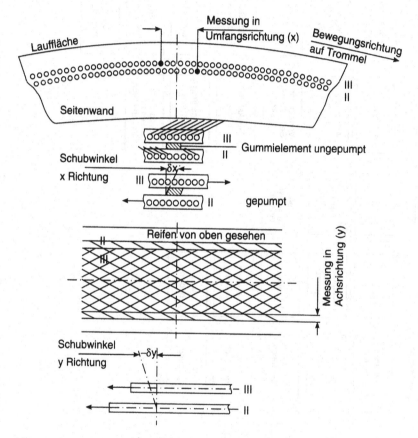

Abb. 12.1. Schubwinkelmessung

„Status Nascendi", ein „Temperaturdefekt" gewesen ist. Neben den mechanischen Beanspruchungen spielen noch

– die thermische Alterung (durch Hystereseverluste im Gummi und hohe Außentemperatur treten Lauftemperaturen bis zu 120°C auf),
– die oxydative Alterung (Sauerstoff gelangt über Diffusion aus der Innenkammer zu Kordbauteilen),

Tabelle 12.2. Gebrauchseigenschaften von Reifen

Fahrkomfort

- Federungskomfort
  - hochfrequente Anregung (Kopfstein)
  - mittel-und niederfrequente Anregung (Asphalt)
  - bei Einzelstößen (Querfugen)
- Geräuschkomfort
  - Geräuschpegel
  - Dröhngeräusch
  - Profilgeräusch
  - Kurvengeräusch
- Laufruhe
  - Aufbaubeschleunigungen
  - Vibrationen
  - Rauher Lauf
  - Non-Uniformity

Lenkverhalten

- Lenkkraft
  - beim Rangieren
  - bei höheren Geschwindigkeiten
- Lenkpräzision
  - Ansprechempfindlichkeit
  - Verlauf der Seitenführungskraft
  - Rückstellmoment
  - Spurhaltung in Kurve
  - Korrigierbarkeit im Grenzbereich

Fahrstabilität

- Geradeauslauf
  - Schwimmen über der Spur
  - Einseitiges Ziehen
  - beim Gaswechsel
  - Schienenführigkeit
  - beim Anreißen
  - beim Verreißen
- Kurvenstabilität
  - Kurvenfestigkeit
  - beim Gaswechsel
  - beim Fahrbahnwechsel
  - in Wechselkurven (Slalom)

Tabelle 12.2. (*Fortsetzung*)

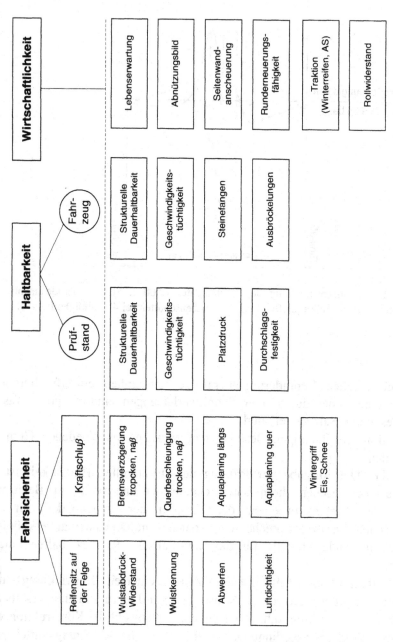

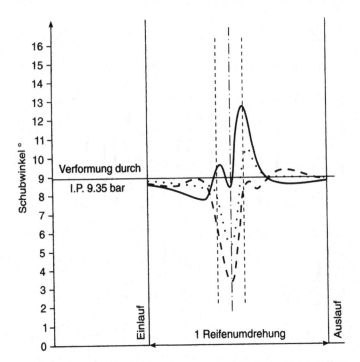

Abb. 12.2. Schubbeanspruchung der Gürtelkante, 12.00 R 20 ... Geradeauslauf; —
Innenschulter bei 4° Schräglaufwinkel; - - - Außenschulter bei 4° Schräglaufwinkel

– die chemischen Veränderungen infolge von außen eindiffundierender
Feuchtigkeit oder durch über Schnittverletzungen eindringendes Wasser
(insbesondere Salzwasser) und
– Migration von flüchtigen Bestandteilen zwischen verschiedenen Gummi-
bauteilen
eine Rolle. Die Aufgabe der Prüfung der strukturellen Haltbarkeit ist es
nun, die mechanischen, thermischen, chemischen und oxidativen Beanspruchungen des Reifens in einem den Kriterien der Brauchbarkeit für den
vorgesehenen Einsatz entsprechenden Versuch so miteindander zu verknüpfen,
daß sich passende Modelle für das physikalische Reifenverhalten daraus
ergeben.
　Die Reifenprüfung erfolgt mit dem Zweck, einerseits Entwicklungs- und
Entscheidungsgrundlagen für die Konstruktion zu liefern und andererseits die
Serienfreigabe zu prüfen, d.h. festzustellen, daß sowohl die Konstruktion wie
auch die Produktionsbedingungen, wie auch die Fertigungsmittel den
Anforderungen des Reifens genügen, zusätzlich muß der Reifen in der Serie
entsprechend den jeweiligen Werksabnahmebedingungen oder existierender
internationaler Prüfvorschriften wie ECE, MVSS, DOT..., laufend überprüft
werden.

Die Methode zur Erfüllung dieses Zweckes ist die Messung und Prüfung

- der strukturellen Haltbarkeit,
- der Gebrauchseigenschaften im Labor und auf der Straße wie Fahrkomfort, Lenkverhalten, Fahrverhalten, Fahrsicherheit,
- der Wirtschaftlichkeit wie Abrieb, Rollwiderstand, Runderneuerungsfähigkeit.

Die vom Prüftechniker durchzuführende Arbeit kann nur dann produktiv und über die Zusammenstellung unberedter Fakten erhaben sein, wenn die Probleme bereits theoretisch strukturiert sind und wenn er weiß, was relevant ist und worüber er Aufschluß gewinnen will. Seine Arbeit muß demnach von Fahrdynamik, Reifenmechanik und Physik unterstützt werden. Prinzipiell ist aus Kostengründen und aus Gründen einer befriedigenden Aussageschärfe so viel wie möglich im Labor zu prüfen. Es ist zu versuchen, wann immer möglich, in Labortesten mit bekannten Lastkollektiven und Randbedingungen beim Versuch zu Aussagen zu kommen. Um aber den Reifen für seinen vorgesehenen Einsatz sicher genug werden zu lassen, muß, gekoppelt mit dem Bemühen, soviel objektive Meßdaten wie möglich zu erhalten, der Straßenversuch durchgeführt werden.

Diverse Gesetzgeber helfen den Prüfingenieuren sehr wenig. Sie erfinden manchmal für den Reifen „sinnlose" Tests, wie z.B. DOT Dorndurchstoßtest und Wulstabdrucktest, oder Tests, welche lediglich Minimalforderungen genügen, wie z.B. ECE R30 und ECE R54. Freigabeprüfungen sind im allgemeinen so ausgelegt, daß sie den Fußpunkt des aufsteigenden Astes der Häufigkeitsverteilungskurve von „fehlerfreien Fertigprodukten" als Freigabepunkt angeben. Jede Nichterfüllung der Abnahmebedingungen bedingt die Sperrung der Serie. Die Einhaltung der Abnahmebedingungen ist eine notwendige, aber nicht immer hinreichende Bedingung für die ausreichende Qualität von Reifen.

Aber noch so sorgfältige Kontrollen können ein Reifenversagen nicht verhindern, wenn die Reifen vom Verbraucher unsachgemäß behandelt werden, wie bei Fahren mit zu niedrigem Luftdruck, Überladung des Fahrzeuges oder Verletzungen an Randsteinen...

Die strukturelle Haltbarkeit wird auf Prüfmaschinen und auf der Straße in Hinblick auf Überlastprüfung, Hochgeschwindigkeitstest und Dauerhochgeschwindigkeitstest, sowie Runderneuerungsfähigkeit ermittelt. Trotzdem, die Vielfalt der unterschiedlichen Einsatzbedingungen kann unmöglich im Prüfbetrieb simuliert werden. Es muß neben der Reifenprüfung im Labor und auf der Straße auch eine Aussage über die Reifenretouren geben. Die Retourenstatistik wird allerdings in jedem Reifenkonzern sorgsam gehütet und der Öffentlichkeit nur in Ausnahmefällen bekannt gegeben. Es gibt auch Märkte in denen vom Reifenhersteller keine Retouren erfaßt werden, sondern

Tabelle 12.3. Prüfbedingungen im Labor

Reifen	Laufzeit h	Reifenlast in % der Maximallast, p_i entsprechend	Prüfgeschwindigkeit km/h
PKW	3	70–90	SI + 10
	30	80–100	120–180
	300	100–160	70–100
LKW	30	100–150	20–40
	300	80–110	30–70
	900	70–90	70–110

mit dem jeweiligen Generalimporteur Grenzwerte ausgehandelt werden, so daß die teure Retourenbearbeitung unterbleibt.

Die wichtigsten Parameter, die bei der Prüfung variiert werden können, sind

– die Kräfte auf den Reifen, wie Radlast, Antriebs-, Bremskraft und Seitenführungskraft;
– die Laufwinkel, wie Schräglauf- und Sturzwinkel;
– der Innendruck und
– die Umgebungstemperatur.

Laborprüfung:
Um das Beanspruchungsspektrum der Praxis im Labor abzudecken, erweist sich die Durchführung mehrerer Versuche mit jeweils unterschiedlicher Laufzeit als sinnvoll, Tabelle 12.3.

Diese Angaben basieren auf Schräglauf- und Sturzwinkel von jeweils 0°, einer Außentemperatur von ≈ 30°C und einer Prüfung ohne Antriebs-, Brems- und Seitenführungskräften, auf einer Trommel mit 1, 7 bis 2 m Ø. Interessant ist, daß bei PKW Reifen höhere Laufzeiten bei steigender Last und fallender Geschwindigkeit, bei LKW Reifen mit fallender Last und steigender Geschwindigkeit, erreicht werden. Das liegt in der relativ niedrigen Lauftemperatur von PKW Reifen und dem völlig unterschiedlichen Temperaturgradienten, welche an der Gürtelkante Richtung Reifenschulter, im Neuzustand gemessen, für PKW 10 bis 20°C/cm und für LKW 60 bis 80°C/cm betragen. Um keine unrealistischen Laborprüfergebnisse zu erhalten, ist es wichtig, die auf der Straße im Inneren eines Reifens auftretenden Temperaturen im Labor nicht wesentlich zu überschreiten. PKW Reifen erreichen auf der Straße an der Gütelkante im allgemeinen 60 bis 70°C, LKW Reifen hingegen 90 bis 100°C. Mit zunehmender Temperatur sinkt die Laufleistung rasch ab. Auf der Prüfmaschine besteht folgender Zusammenhang:

– Erhöhung der Außentemperatur um 1°C führt zu 0,8°C Temperaturerhöhung an der Gürtelkante und eine

– Temperaturerhöhung an der Gürtelkante um 1°C bedeutet 5% kürzere Laufzeit.

Straßenprüfung:

Um auf der Straße gezielt Defekte erzeugen zu können, muß die in der Praxis übliche Beanspruchung erhöht werden. Nachdem einer Steigerung von Last und Geschwindigkeit durch Fahrzeug und Gesetzgeber Grenzen gesetzt sind, bleiben hauptsächlich die Möglichkeiten der Luftdruckveränderung und der Seitenkraftbeanspruchung. Die Problematik bei der Konzipierung eines Tests besteht hier darin, daß die Beanspruchung so gewählt werden muß, daß weder im Schulter- noch im Scheitelbereich des Reifendessins zu rasch abgerieben wird. Wie auf der Maschine, versucht man auch auf der Straße Prüfungen mit verschiedenen Laufzeiten zu konzipieren, wobei jedoch diese durch äußere Einflüsse wie Temperatur, relativ Luftfeuchtigkeit etc. stärker streuen.

Die Prüfzeit in der Straßenprüfung variieren bei PKW Reifen von 2 bis 2000 h und bei LKW Reifen von 100 bis 5000 h. Die kürzere Prüfzeit wird bei Versuchen mit dem PKW durch einen sogenannten „Wedeltest“ erreicht. Bei diesem wird ein slalomähnlicher Kurs durchfahren, wodurch in rhythmischer Folge hohe Seitenkräfte aufgebracht werden können. Bei Versuchen mit dem LKW wird die kurze Prüfzeit durch ein singlebereiftes, mehrachsiges Fahrzeug erreicht, das, nach dem Warmfahren auf der Autobahn, Wendemanöver auf einem Prüfgelände in Form von engen Achtern, durchführt. Mit einem PKW Reifen erzielt man mittlere Prüfzeiten von ≈ 100 h bei Versuchen mit Geschwindigkeiten nahe der zulässigen Höchstgeschwindigkeit. Diese Versuche müssen auf abgeschlossenen Prüfstrecken durchgeführt werden. Prüfleistungen von 2000 h für PKW Reifen und 5000 h für LKW Reifen entsprechen bereits weitgehend den Laufleistungen im normalen Einsatz. Dementsprechend muß die Beanspruchung bei solchen Versuchen praxisähnlich gewählt werden.

Um dem Temperatureinfluß Rechnung zu tragen, müssen Straßentests auch in Gebieten mit hoher Außentemperatur, z.B. in Süditalien oder im Süden der Vereinigten Staaten, durchgeführt werden. Nachdem auf der Straße viele Parameter nicht beeinflußt werden können, ist es zur Bewertung der erzielten Versuchsresultate notwendig, einen gut bekannten Basisreifen mitzuprüfen.

Alterung:

Die mechanische, die thermische und die chemische Alterung, inklusive Ozonalterung, beeinflussen die Haltbarkeit in hohem Ausmaß. Während bei den meisten Haltbarkeitsprüfungen die mechanische Alterung in ausreichendem Maße bekannt ist, gilt das für die thermische und chemische Alterung nicht. Die physikalischen Eigenschaften von Gummi verändern sich bereits während der Lagerung vor der Montage, aber auch am Fahrzeug im Stillstand. Thermische und chemische Alterung können praktisch nicht voneinander getrennt werden. In beiden Fällen handelt es sich un einen Oxydationsvorgang, der jedoch bei höherer Temperatur wesentlich schneller abläuft.

Die Reifen können vor der Prüfung im Wärmeschrank, bei Temperaturen von 40 bis 70°C, 4 bis 8 Wochen, gealtert werden, wobei eine Verschärfung des Alterungsprozesses durch hohe Luftfeuchtigkeit oder sauerstoffangereicherte Atmosphäre möglich ist.

Der Alterungsprozeß wird im Reifen dadurch gebremst, daß man das Angebot an Sauerstoff an den kritischen Stellen eines Reifens, wie Gürtelkante und Karkaßhochschlag, möglichst gering hält. Das ist durch Verwendung von ausreichend dichten Innenplatten weitgehend möglich.

Eine besondere Form der Alterung entsteht jedoch, wenn der Reifen mechanisch verletzt wird und Feuchtigkeit von außen einwandern kann. Durch diese Feuchtigkeit kann vor allem die Haftschicht des Gürtels zerstört werden. Die Widerstandsfähigkeit eines Reifens gegen Feuchtigkeit wird neben den Versuchen mit Wärmekammer auch auf der Straße geprüft. Derartige Versuche werden normalerweise mittels Durchfahren eines Bades mit einer 5%-igen Salzlösung durchgeführt. Die Salzlösung wird deshalb bevorzugt, weil dadurch der Oxydationsvorgang intensiviert werden kann. Der Versuch kann mit bzw. ohne Vorverletzung durchgeführt werden. Vorverletzungen werden an mehreren Stellen des Reifenumfanges in definierter Größe, bis an den Gürtel reichend, angebracht. Der Vorteil einer Prüfung mit Vorverletzung liegt darin, daß von Anfang an Wasser an der Gürtelhaftschicht angreifen kann und dementsprechend der Versuch sehr schnell durchgeführt werden kann. Der Nachteil liegt darin, daß die mechanische Vorverletzung nie exakt gleich an allen Stellen über den Umfang durchgeführt werden kann. Je nachdem, ob eine Gummirestschicht vorhanden ist oder die Haftschicht des Stahlkordes verletzt, vielleicht sogar vollkommen entfernt wird, ist die Auswirkung des Wassers unterschiedlich.

Aus diesem Grund wird meist mit Versuchen gearbeitet, bei denen keine Vorverletzungen angebracht werden. Die Versuchsdurchführung erfolgt jedoch derart, daß in jedem Versuchszyklus eine „Naturstrecke" mit scharfkantigen Steinen eingebaut wird, sodaß insbesondere gegen Ende des Versuches, wenn die Dessintiefe bereits gering ist, mit einer großen Anzahl von bis zum Gürtel reichenden Verletzungen zu rechnen ist. Der Nachteil dieser Versuchsdurchführung besteht darin, daß die Stärke des Grundgummis die Verletzungshäufigkeit wesentlich beeinflussen kann. Insbesondere bei Vergleichen mit Fremdfabrikaten ist, zumindest bei der Versuchsaussage, zu berücksichtigen, daß das Ausmaß der Verletzung der Haftschicht ganz wesentlich durch die Grundgummistärke determiniert ist. Die Versuchsdurchführung erfolgt derart, daß ein- oder mehrmals pro Versuchsschicht eine Salzlösung durchfahren wird und/oder das Fahrzeug während der Stillstandszeit in einem Salzbad abgestellt wird. In diesem Fall ist jedoch zu beachten, daß jeder Reifensektor gleich lange in der Salzlösung steht.

Prüfung der Fahrsicherheit

Sämtliche Kräfte, die vom Fahrzeug auf die Fahrbahn übertragen werden sollen, müssen über die Reifenkontaktfläche gehen. Zur Kraftübertragung ist es daher von entscheidender Bedeutung, welche örtlichen Drücke, Längs- und Querschübe bei der Abplattung entstehen. Diese lokalen Kräfte kann man mittels in die Fahrbahn eingelassener Kraftaufnehmer, z.B. Piezoquarze, messen. Diagonalreifen weisen im Zentrum des Reifens den höchsten Druck auf und dieser fällt gleichmäßig zu den Schultern hin ab. Der Mitteldruck übersteigt weit den Innendruck des Reifens. Stahlgürtelreifen haben eine sehr große Drucküberhöhung in den beiden Schultern und fallweise eine Absenkung des Aufstandsdruckes bis unter den Innendruck des Reifens in der Äquatorlinie. Dies führt zwar einerseits zu einem „Fahren wie auf Schienen" und zu maximal übertragbaren Kräften bei nasser Straßenoberfläche, aber andererseits auch zu Scheitelabrieb.

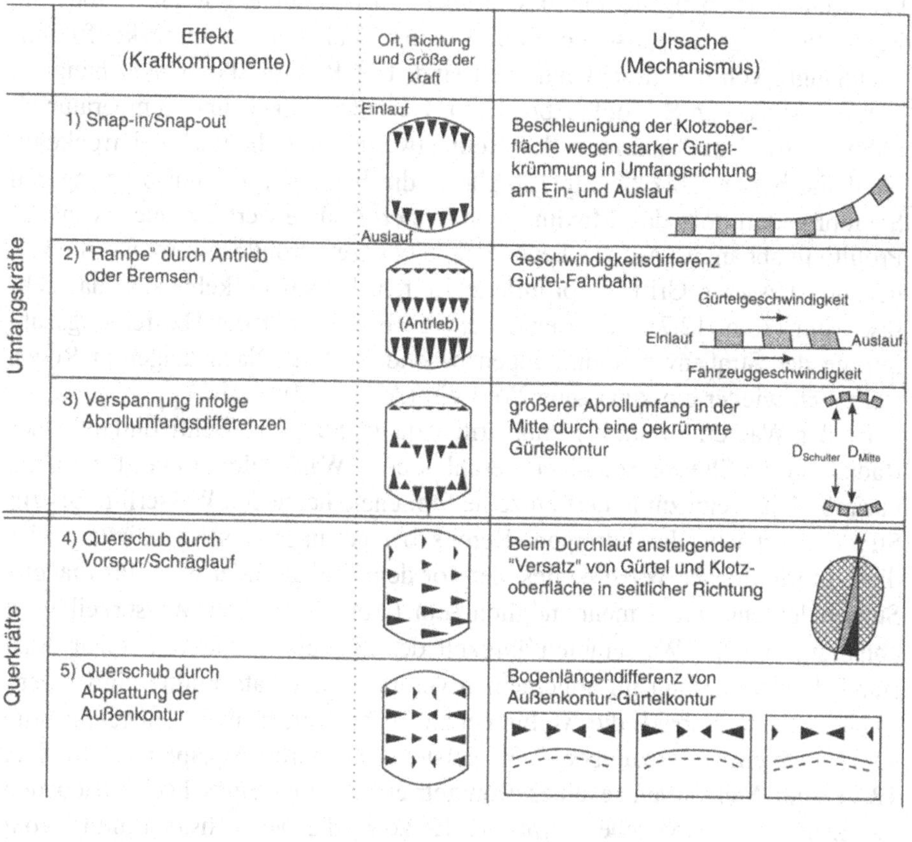

	Effekt (Kraftkomponente)	Ort, Richtung und Größe der Kraft	Ursache (Mechanismus)
Umfangskräfte	1) Snap-in/Snap-out	Einlauf / Auslauf	Beschleunigung der Klotzoberfläche wegen starker Gürtelkrümmung in Umfangsrichtung am Ein- und Auslauf
Umfangskräfte	2) "Rampe" durch Antrieb oder Bremsen	(Antrieb)	Geschwindigkeitsdifferenz Gürtel-Fahrbahn. Gürtelgeschwindigkeit. Einlauf / Auslauf. Fahrzeuggeschwindigkeit
Umfangskräfte	3) Verspannung infolge Abrollumfangsdifferenzen		größerer Abrollumfang in der Mitte durch eine gekrümmte Gürtelkontur. $D_{Schulter}$ D_{Mitte}
Querkräfte	4) Querschub durch Vorspur/Schräglauf		Beim Durchlauf ansteigender "Versatz" von Gürtel und Klotzoberfläche in seitlicher Richtung
Querkräfte	5) Querschub durch Abplattung der Außenkontur		Bogenlängendifferenz von Außenkontur-Gürtelkontur

Abb. 12.3. Kräfte in der Bodenaufstandsfläche

Beim Abplatten eines doppelt gekrümmten Reifentorus entstehen nicht
nur vertikale Druckkräfte, sondern auch seitliche Scherkräfte (Abb. 12.3).
Sind die seitlichen Scherkräfte beim reinen Abplatten zu groß, so verringert
sich die Fähigkeit des Reifens, Umfangs- bzw. Seitenkräfte zu übertragen,
insbesondere bei Bodenverhältnissen mit niedrigem μ. Bei nassen Straßen
oder beim Durchfahren von Pfützen machen sich die gleichmäßige
Druckverteilung bzw. die minimierten Scherkräfe in der Aufstandsfläche
positiv bemerkbar. In der Mitte des Reifens, wo die größten Wege zum
Verdrängen des Wassers gegeben sind, wird eine deutliche Anhebung des
Mittendruckes positive Auswirkungen auf das Aquaplaning zeigen. Prinzipiell
hat jedes rollende Rad in der Kontaktfläche eine Hafzone und eine
Gleitzone. Beim normalen geradeaus rollenden Rad ist diese Gleitzone aber
sehr klein.

Naßgriff und Aquaplaning:
Trocken- und Naßgriff werden auf speziell adjustierten Prüfgeländen gemessen
(Abb. 12.4). Das Griffverhalten eines Reifens läßt sich infolge seiner
komplizierten Gleit- und Haftverhältnisse in der Kontaktfläche nicht mit der
klassischem Reibungstheorie beschreiben. Insbesondere gilt nicht, daß die
Haftreibung größer als die Gleitreibung und der Reibungskoeffizient
unabhängig von der Geschwindigkeit sind. Der Reibungskoeffizient hängt in
starkem Maße von Schlupf (Abb. 12.5), Geschwindigkeit und Temperatur ab
(Abb. 12.6). Das Maximum des Reibbeiwertes erreicht man bei trockener
Fahrbahn bei ca. 20% Schlupf. Je glatter die Fahrbahn, bei umso geringeren
Schlupfwerten tritt das Maximum auf. Der Reibbeiwert ist auch von der
Profiltiefe abhängig. Auf trockener Straße besitzen profillose Reifen, „Slicks"
genannt, besseren Griff als profilierte Reifen. In Nassen kehrt sich das sehr
rasch um (Abb. 12.7). Am Beginn eines Regens sinkt die Hartreibungszahl
infolge der Straßenverunreinigungen besonders stark. Nach längerem Regen
stellt sich wieder ein konstanter Wert ein (Abb. 12.8).
   Ist der Wasserfilm stark genug, tritt Aquaplaning ein. Beim Einlauf eines
Rades in eine Strecke, die einen geschlossenen Wasserfilm aufweist, ist Griff
nur möglich, wenn zumindest einzelne Stollenelemente den Wasserfilm bis zur
Straßenoberfläche durchdringen. Bereits bei geringer Geschwindigkeit wird
dies aufgrund eines Wasserkeiles, der vor dem Rad gebildet wird, für manche
Stollenelemente nicht mehr möglich sein (Abb. 12.9). Der Wasserkeil wird
abhängig von der Wasserableitfähigkeit des Musters, sowie von seiner Auf-
standsdruckverteilung im allgemeinen vorerst in der Latschmitte einwandern
(Abb. 12.10). Sobald die verbleibende Fläche nicht mehr ausreicht, die
aufgebrachten Kräfte zu übertragen, entsteht schlagartig Aquaplaning. In Abb.
12.11 sind Meßkurven je eines frontgetriebenen und eines heckgetriebenen
Fahrzeuges wiedergegeben. Abb. 12.12 zeigt die Versuchsanordnung vom
Queraquaplaning.

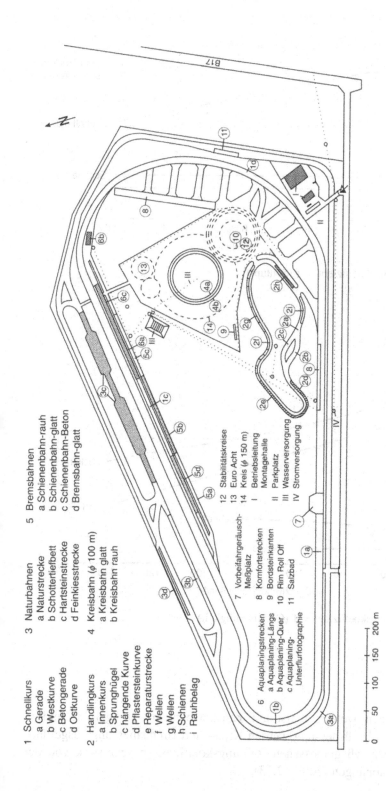

1 Schnellkurs
a Gerade
b Westkurve
c Betongerade
d Ostkurve

2 Handlingkurs
a Innenkurs
b Sprunghügel
c hängende Kurve
d Pflastersteinkurve
e Reparaturstrecke
f Wellen
g Wellen
h Schienen
i Rauhbelag

3 Naturbahnen
a Naturstrecke
b Schottertiefbett
c Hartsteinstrecke
d Feinkiesstrecke

4 Kreisbahn (ø 100 m)
a Kreisbahn glatt
b Kreisbahn rauh

5 Bremsbahnen
a Schienenbahn-rauh
b Schienenbahn-glatt
c Schienenbahn-Beton
d Bremsbahn-glatt

6 Aquaplaningstrecken
a Aquaplaning-Längs
b Aquaplaning-Quer
c Aquaplaning-
   Unterflurfotographie

7 Vorbeifahrgeräusch-
   Meßplatz
8 Komfortstrecken
9 Bordsteinkanten
10 Rim Roll Off
11 Salzbad

12 Stabilitätskreise
13 Euro Acht
14 Kreis (ø 150 m)
I Betriebsleitung
II Montagehalle
III Parkplatz
IV Wasserversorgung
IV Stromversorgung

0   50   100   150   200 m

Abb. 12.4. Reifenprüfgelände

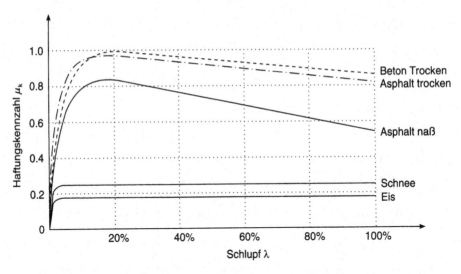

Abb. 12.5. Reibungskoeffizient = f (Schlupf)

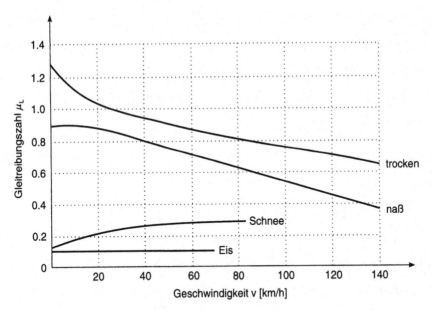

Abb. 12.6. Reibungskoeffizient = f (Geschwindigkeit)

Eisgriff:

Eisgriffmessungen werden meist auf Kunsteisbahnen durchgeführt und in Analogie zur Naßgriffmessung werden Kreis- und Bremsmessung ausgeführt. Zu beachten ist, daß gemessenen Reibungskoeffizienten sehr stark von der Eistemperatur abhängen (Abb. 12.13).

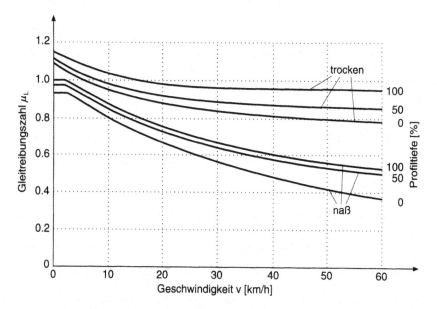

Abb. 12.7. Einfluß der Profiltiefe auf die Gleitreibung

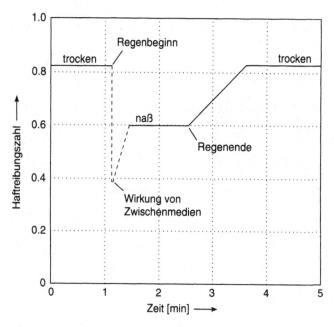

Abb. 12.8. Haftreibung = f (Zeit)

Schneegriff:
Die Schneegriffmessung kann auf verschiedene Art und Weise durchgeführt werden:

– Durchfahren der Meßstrecke entsprechend einem genauen Zeitplan und Heranziehung des Schlupfes als Meßgröße,

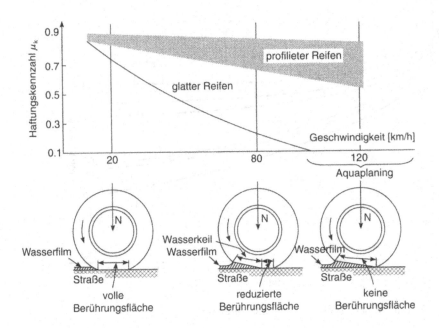

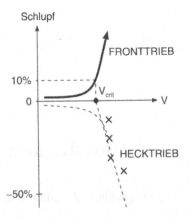

Abb. 12.9. Aquaplaning

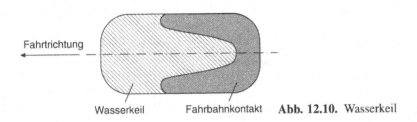

Fahrtrichtung

Wasserkeil   Fahrbahnkontakt   **Abb. 12.10.** Wasserkeil

Schlupf

FRONTTRIEB

10%

V_{crit}

0   V

HECKTRIEB

−50%

Abb. 12.11. Aquaplaning längs

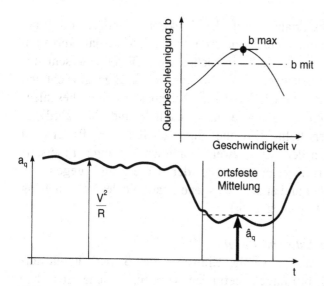

Abb. 12.12. Aquaplaning quer. R Kurvenradius

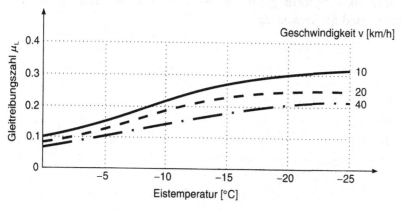

Abb. 12.13. Reibungskoeffizient auf Eis

– Durchfahren der Meßstrecke in minimaler Zeit und
– Aufnahme des Diagramms Zugkraft über Schlupf.

Die Problematik bei allen Schneeversuchen liegt darin, Teststrecken zu finden, die ausreichend oft durchfahren werden können, um Kennfelder zu ermitteln. In jedem Fall ist es bei der Schneegriffmessung absolut notwendig, Basisreifen mitzuprüfen, um die Veränderung der Teststrecke festellen und das „Fading" der Meßwerte entsprechend korrigieren zu können.

Geländegriff:
Die erzielbaren Zugkräfte und Beschleunigungen vom Fahrzeug im Gelände sind gesondert zu messen. Bei dieser Messung sind die Auswirkungen

unterschiedlicher Antriebsvarianten auf das Traktionsvermögen oder die Steigfähigkeit des Geländefahrzeuges zu ermitteln. Dazu ist das Verhalten des belasteten und angetriebenen Rades in nachgiebigen Böden unterschiedlicher Beschaffenheit zu untersuchen. Die Auswirkungen von Eigengewicht und Bodenbeschaffenheit auf das Vortriebsverhalten bei konstanter und beschleunigter Geradeausfahrt sind zu analysieren. Zusätzlich sind die fahrdynamischen Grenzen zu ermitteln. Um die Eigenschaften des Bodens zu charakterisieren, werden in der Praxis zwei Kennlinien bestimmt. Einerseits wird die Widerstandskraft gemessen, die der Untergrund gegen ein eindringendes Objekt ausübt und andererseits jene Kraft, die der Verschiebung einer gezahnten Scherplatte entgegenwirkt.

Wechselwirkung zwischen Auto und Reifen:
Aus der Literatur können nur wenig Hinweise zur Sicherheitsrelevanz praktikabler Fahrversuchsprüfungen gefunden werden, welche aus dem Unfallgeschehen detailliert begründbar wären. Einzig Zusammenhänge zwischen antriebskonzeptbedingtem Fahrverhalten und der Häufigkeit von Kurvenunfällen sind nachgewiesen.

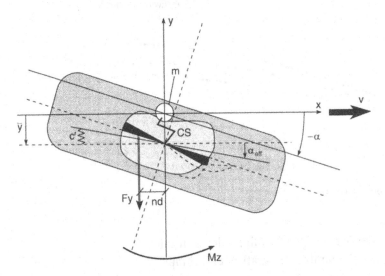

Abb. 12.14. Modell nach Schlippe-Dietrich. F_y Seitenkraft; M_z Rückstellmoment; n_d Dynamischer Nachlauf; c_s Axiale Steifigkeit; c' Schräglaufsteifigeit; $\bar{y}$ Seitliche Versetzung; α Schräglaufwinkel; α_{eff} Effektiver Schräglaufwinkel; m Reduzierte Fahrzeugmasse; v Rollgeschwindigkeit

Die Verformung der Reifenaufstandsfläche beim Rollen unter Schräglauf nach dem Modell von Schlippe-Dietrich ist in Abb. 12.14 dargestellt. m symbolisiert die ungefederte Masse der Achse, als Punktmasse eingezeichnet. Behandelt ist der sturzfreie Lauf. Wenn die Felgenebene um den Schräglaufwinkel α ausgelenkt wird, so macht die Äquatorebene des Reifens eine seitliche Verformung y entsprechend der Achsialsteifigkeit des Reifens mit. Dabei entsteht eine Seitenkraft F_y und als Folge des dynamischen Nachlaufs n_d, da die Seitenkraft nicht in Latschmitte angreift, sondern in etwa ein Drittel der halben Länge des Latsches hinter der Latschmitte, auch ein Rückstellmoment M_z. Eine der Folgen der Verbiegung des Latsches ist, daß der effektive Schräglaufwinkel α_{eff} kleiner ist als der von der Felgenebene her generierte Schräglaufwinkel α. In den in Abb. 12.15 dargestellten Diagrammen A bis E sind ein herkömmlicher, ein reaktiver und ein aktiver, sportlicher Reifen eingezeichnet.

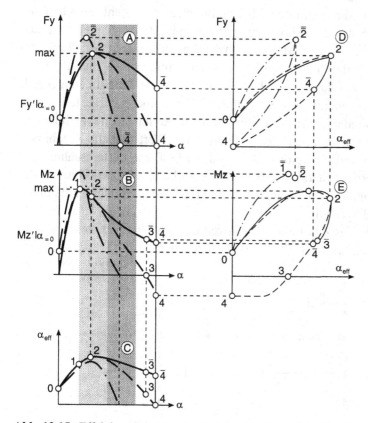

Abb. 12.15. Effektiver Schräglaufwinkel. --- Herkömmlicher Reifen; — reaktiver Reifen; —·— aktiver, sportlicher Reifen

In Diagramm A ist die Seitenkraft über den Schräglaufwinkel dargestellt. Da die Reifen üblicherweise auch bei Schräglaufwinkel $\alpha = 0$ eine kleine eingebaute Seitenkraft besitzen, ist der Durchstoßpunkt der Seitenkraft bei Schräglaufwinkel $\alpha = 0$ an der Stelle $F_y'\|_{\alpha=0}$. Während sportliche Reifen einen sehr steilen Anstieg der Seitenkraft bei kleinem Schräglaufwinkel haben und

nach dem Maximum sehr rasch zu Seitenkraft $F_y = 0$ abfallen, haben heute
übliche S- und T Reifen einen geringeren Anstieg und auch ein geringeres
Maximum und fallen dann weniger steil ab. Man kann mit sportlichen Reifen
zwar wesentlich höhere Kurvengeschwindigkeiten erzielen, da sie höhere
Seitenkräfte aufbauen, das Fahrkönnen des Fahrers wird aber auch in
stärkerem Maße in Anspruch genommen. Ein reaktiver Reifen hat den
gleichen Anstieg wie übliche S- und T Reifen, auch das gleiche Maximum in
der Seitenkraft, aber der Abfall bei höheren Schräglaufwinkeln ist wesentlich
geringer. In Diagramm B ist das Rückstellmoment über den Schräglaufwinkel
aufgetragen. Auch das Rückstellmoment hat bei Schräglaufwinkel $\alpha = 0$ einen
kleinen Wert. Das Maximum des Rückstellmomentes entsteht bei kleineren
Schräglaufwinkeln als das Maximum der Seitenkraft. Auch hier gilt, daß
sportliche Reifen ein höheres Maximum haben, dafür steileren Abfall und ein
reaktiver Reifen ist durch den Anstieg von heute üblichen S- und T Reifen
gekennzeichnet, durch das gleiche Maximum, aber einen langsameren Abfall
in der Rückstellmomentkurve. In Diagramm C ist α_{eff} über α dargestellt. Auch
hier kann man wieder sehen, daß ein reaktiver Reifen auch bei höherem
Schräglaufwinkel immer noch einen höheren α_{eff} Wert einhält. Kombiniert
man Diagramm A und C, ergibt sich Diagramm D. Diese hystereseähnlichen
Schleifen in den Reifencharakteristika sind wesentlich aussagekräftiger als die
Kurven in Diagramm A. Im Diagramm E sind die wahren Momentverhältnisse
bei Kurvenfahrt dargestellt.

In Abb. 12.16 ist das Zusammenwirken von Umfangs- und Seitenkräften mit
Schräglauf und Schlupf nach Weber 1990 angegeben.

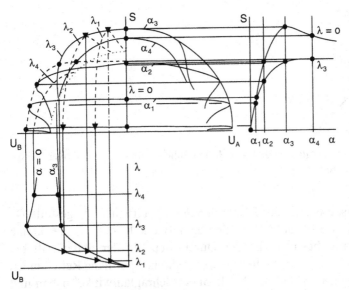

Abb. 12.16. Zusammenwirken von Umfangs- und Seitenkräften. U_s Umfangskraft; S
Seitenkraft; α Schräglaufwinkel; λ Schlupf

Besondere Bedeutung hat das Ansprechen um Null, nämlich das Einlenken mit kleinen Lenkwinkeln aus der Lenkungsmittellage heraus. Dieses Einlenken wird im subjektiven Rating auf der Straße ermittelt. Das subjektive Rating des Ansprechens um Null ist nicht monoton. Ein größerer Effekt der Übertragungsfunktion wird zunächst als subjektiv besser, bei weiterer Vergrößerung aber wieder als schlechter empfunden. Es gibt also eine „Gutlage". Der Subjektivtest erfühlt Wechselwirkungen zwischen Maßnahmen, die durch objektive Messung nicht erkannt werden. Zusätzlich verändert der Reifen mit der Zeit seine Eigenschaften.

Ein spezielles Problem stellen Zugphänomene dar. Sowohl vom Unterbau her als auch durch das Muster können Seitenkräfte initiiert werden, die zu Zugphänomenen führen. Aus Sicherheitsgründen muß das dann abgestellt werden.

Prüfung des Komforts

Die Verifikation des Komforts muß im klassischen Schwingungs- und im Geräuschkomfort erfolgen. Beim Geräuschkomfort ist nicht nur an das Fahrzeuginnengeräusch zu denken sondern auch an den Geräuschkomfort der neben der Straße wohnenden Anrainer, an das Vorbeifahrgeräusch.

Schwingungskomfort:
Der Schwingungskomfort ist sehr stark durch das Fahrzeug beeinflußt. Es gibt objektive Meßmethoden im Labor und auf der Straße. Üblicherweise wird der Schwingungskomfort durch Fahrer und Beifahrer im subjektiven Straßenversuch ermittelt. Was als komfortabel empfunden wird und was nicht, hängt von den grundsätzlichen Fahrzeugdaten ab. So ist z.B. für ein sportliches Fahrzeug eine Federung mit hoher Dämpfung komfortabel, während für andere Fahrzeuge Federungen mit niedriger Dämpfung bevorzugt werden. Ähnliches gilt auch für den Reifen, daher gibt es keine allgemein gültige Aussage den Komfort betreffend.

Fahrzeuginnengeräusch:
Das subjektive Fahrzeuginnengeräusch wird entweder auf der Straße objektiv gemessen oder subjektiv beurteilt. Man kann das Reifengeräusch auch im Labor messen. Leider ist die Auswertung solcher Messungen bezüglich ihrer Korrelation zum Geräuschempfinden eines Fahrers oder Mitfahrers problematisch. Wird im Nahfeld des Reifens gemessen, gehen Einflüsse, die durch Schallisolation, Reflexion und Resonanz verursacht werden, verloren. Obwohl der subjektiven Beurteilung des Laufgeräusches die entscheidende Bedeutung zukommt, ist die Messung notwendig, um eventuell die Ursache für eine höhere Geräuschentwicklung mittels Frequenzanalyse ermitteln und durch spezielle Veränderungen am Muster beseitigen zu können.

Wird im Inneren des Fahrzeuges gemessen, kann das Reifengeräusch von Fahrzeuggeräusch kaum getrennt werden. Eine Möglichkeit dazu stellt die binaurale Messung mit einem Kunstkopf dar. Die Meßwerte werden mittels FTT Analyse ausgewertet. Zur Analyse wird der Frequenzbereich in kritische Bänder unterteilt. „Bark" ist die dazugehörige Einheit. Die Lautheit wird in „sone" angegeben, die Rauhigkeit in „asper" und die Schärfe des Geräusches in „acum".

Vorbeifahrgeräusch:
Es ist anzunehmen, daß das heute strengste PKW Limit von 77 dBA, zunächst auf 74 dBA, dann auf 70 dBA (Abb. 12.17), und in der Folge noch weiter reduziert wird, was ungeheure Konsequenzen für die Reifenkonstruktion haben würde: Es wären nur mehr Profile mit Längsrillen möglich und es könnte das „Aus" für blockstrukturierte Winterreifen bedeuten. Eine weitere Konsequenz wären extrem schmale Reifen mit weichen Laufflächenmischungen und entsprechend reduzierter Laufleistung.

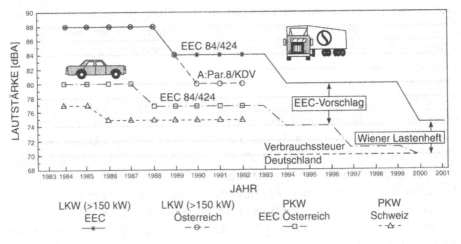

Abb. 12.17. Vorbeifahrgeräusch

In der EU haben die Fahrzeug- und die Reifenindustrie der Mitgliedsländer eine Kommission gebildet, die sich mit dem Thema Vorbeifahrgeräusch befaßt, „ERGA-NOISE" genannt. Bis März 1994 sollten Vorschläge erarbeitet werden für die Prüfung des Rollgeräusches von Reifen/Straße und bis Oktober 1995 hätten die Grenzwerte für gesetzliche Regelungen vorliegen sollen. Es wurde bereits ein Straßenbelag aus Asphaltbeton zur Rollgeräuschmessung nach ISO 362 vorgeschlagen.
Die Einflüsse von Fahrbahnbelägen und Reifendimensionen auf die beschleunigte Vorbeifahrt und das Rollgeräusch sind in Abb. 12.18 dargestellt. Glattreifen weisen gegenüber profilierten Reifen ein um 5 dBA niedrigeres

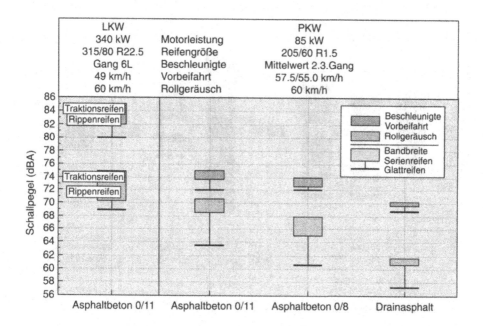

Abb. 12.18. Vorbeifahr- und Rollgeräusch = f (Fahrbahnbelägen)

Rollgeräusch auf. Der Geschwindigkeitseinfluß auf das Rollgeräusch kann nach einem logarithmischen Gesetz wiedergegeben werden, Gl. (12.1).

$$L = 69,7 + 33,9 \, log \, \frac{v}{60} \, dBa$$
$$v \ldots km/h$$
(12.1)

Eine Erwärmung der Straßenoberflächentemperatur um 10°C verringert das Rollgeräusch im 0,5 dBA. Die Shore A Härte des Laufstreifens hat auf den Schallpegel nachfolgenden Einfluß, Gl. (12.2):

$$L \approx 59,8 + 0,174 \times ShA \, dBA$$
(12.2)

Zwischen dem Naßgriff eines Reifens und dem Rollgeräusch besteht leider eine Kontradiktion. 1% besserer Naßgriff bedeutet für den Reifen, um 1 dBA lauter zu sein. Die Reifenalterung um 1 Jahr erhöht das Rollgeräusch ebenfalls um 1 dBA. In Abb. 12.19 sind die wesentlichen Einflüsse auf das Rollgeräusch zusammengefaßt.

Prüfung der Wirtschaftlichkeit

Der Reifenabrieb stellt neben dem Rollwiderstand und der Runderneuerungsfähigkeit die wirtschaftliche Reifenkenngröße dar, speziell beim LKW Reifen. Obwohl ihn jeder Autofahrer leicht erkennt, gehört er zu den am

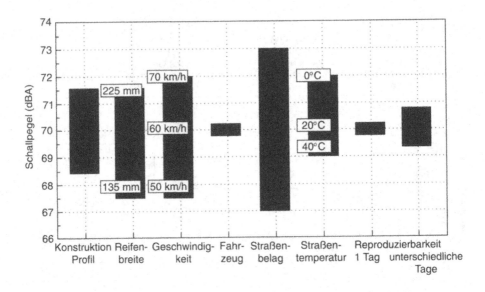

Abb. 12.19. Einflüsse auf das Rollgeräusch

wenigsten erforschten Gebieten der Reifenphysik. Dies ist eine Folge seiner vielen Abhängigkeiten, wie Reifenkonstruktion, Laufstreifenmischung samt Mischungsherstellung, Innendruck, Last, Geschwindigkeit, Bodentemperatur, Lufttemperatur, Luftfeuchtigkeit, Luftdruck, Griffigkeit, Rauhigkeit und Unebenheit der Straße, Radgeometrie, Einsatzort am Fahrzeug, Fahrer usw. Diese

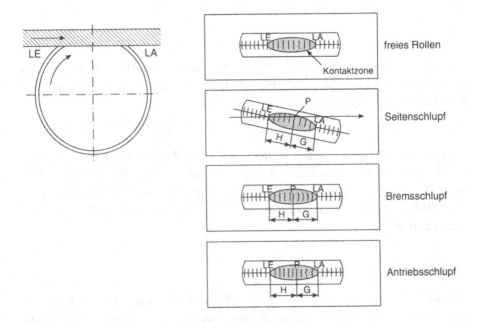

Abb. 12.20. Kontaktfläche

Abhängigkeit besteht in ihren zeitlichen Abfolgen, wobei es auch auf die Reihenfolge ankommt.

Abb. 12.20 zeigt die Laufstreifenverformung bei verschiedenen Fahrzuständen. An einem Modellrad wurden der Äquator und darauf konstante Abstände markiert. Die Kontaktzone wurde bei verschiedenen Belastungszuständen durch eine Glasplatte fotografiert:

- Beim freien Rollen haben die Markierungen in der Kontaktzone etwa gleiche Abstände.
- Zum Aufbau von Seitenkräften ist Schräglauf notwendig. Beim Latscheinlauf LE beginnend haften die Laufstreifengummielemente in der Haftzone H auf der Glasplatte und bewegen sich in derselben Richtung wie die Glasplatte. Im Punkt P ist die elastische Rückstellkraft des Rades gleich groß wie die maximale Reibungskraft $\mu \times$ p, mit μ als Reibungskoeffizient und p als Normaldruck. In der Gleitzone G gleiten die Laufstreifenelemente über die Glasplatte zurück in ihre Ausgangslage, die Rückstellkräfte sind größer als die Reibungskräfte.

Abrieb:

Wir haben es bei Abrieb mit dem klassischen Fall eines nichtstationären Prozesses zu tun. Ergodizität, die uns sonst bei Versuchsvorhersagen so viel hilft, ist nicht anwendbar. Ob ein Reifen eine Überlast oder eine zu hohe Geschwindigkeit am Anfang seines Reifenlebens erleidet oder am Ende, ist nicht gleichgültig. Mit Ausnahme von Identitätsüberprüfungen sind keine aussagekräftigen Laborversuche möglich. Trotz Straßenversuchen im Konvoi, bei zyklischen Fahrer-, Fahrzeugtausch, ist kaum Reproduzierbarkeit der Ergebnisse gegeben. Es muß immer eine Basisgarnitur mitgeprüft werden. Außerdem sind Abriebsversuche nur im normalen Straßenverkehr möglich, nicht einmal auf einem Reifenprüfgelände kann diese Art von Versuchen durchgeführt werden. Folgende Abriebsarten treten in der Praxis auf, Tabelle 12.4.

In Abb. 12.30 ist die Reibenergie angegeben, Gl. (12.3):

$$F_E = \int (F_x dx + F_y dy) \tag{12.3}$$

Die Reibenergie, entweder lokal verglichen oder während des Kontaktes im Latsch aufsummiert, stellt ein ausgezeichnetes Hilfsmittel bei der Analyse von Abriebsunregelmäßigkeiten dar.

Runderneuerung:

Vor allem beim LKW-Reifen erfreut sich die Runderneuerung relativ großer Bedeutung. Die Anzahl der runderneuerungsfähigen Reifen steigt durch zunehmende Qualität aller Fabrikate ständig und liegt heute bei LKW Reifen zwischen 85 und 95%, bei PKW Reifen bei 50 bis 70%.

Tabelle 12.4. Abriebsarten

Abriebsart	Abriebsgrund	Abhilfe	Abbildung
Sägezahnabrieb Heel-Toe Wear	Vorspur Nachlauf	Spur einstellen Reifenwechsel	Abb. 12.21
Schulterabrieb Shoulder Wear	p_i Sturz	Sturz einstellen p_i korrigieren Reifenwechsel	Abb. 12.22
Längsbandabrieb Row Wear	p_i falsch	p_i korrigieren	Abb. 12.23
Blockabsenkung Tread Element Wear	Dämpfung Unwucht	Dämpfer austauschen Auswuchten	Abb. 12.24
Auswaschung Cupping	Vorspur Dämpfer Flat Spot	Spur, Dämpfer einstellen Reifen warmfahren	Abb. 12.25
Schrägabnützung Diagonal Wear	Spur	Spur einstellen	Abb. 12.26
Scheitelabrieb Center Wear	$p_i >$ Fahrzeugleistung $>$	p_i einstellen Reifenwechsel	Abb. 12.27
Einrisse Feathering	Spur Sturz	Spur, Sturz einstellen	Abb. 12.28
Teilabrieb Partial Wear	Dämpfer Unwucht	Auswuchten	Abb. 12.29

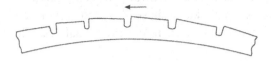

Abb. 12.21. Sägezahnabrieb

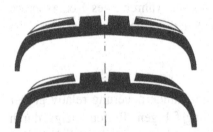

Abb. 12.22. Schulterabrieb

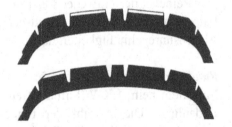

Abb. 12.23. Längsbandabrieb

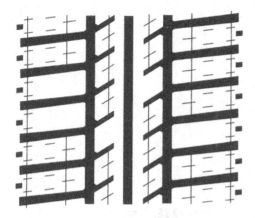

Abb. 12.24. Blockabsenkung

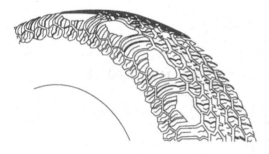

Abb. 12.25. Auswaschung

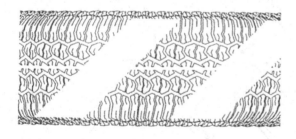

Abb. 12.26. Schrägabnützung

Abb. 12.27. Scheitelabrieb

Runderneuerungsversuche im Rahmen der Entwicklungsprüfung sind deshalb von großer Bedeutung, weil die Mischungen durch zweimalige Vulkanisation doppelter thermischer Belastung ausgesetzt sind und darüber hinaus ein zweiter, zum Teil ein dritter und vierter Lebenszyklus mit allen Alterungseinflüssen verkraftet werden muß.

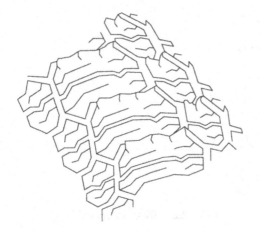

Abb. 12.28. Einrisse

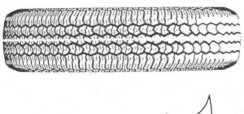

Abb. 12.29. Teilabrieb

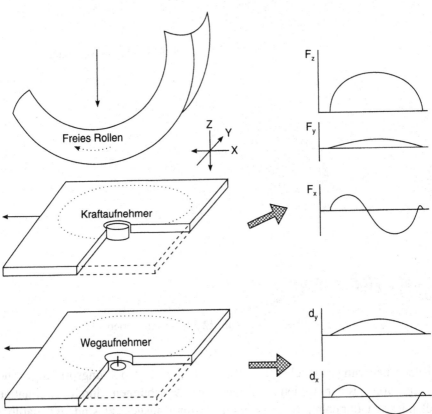

Abb. 12.30. Reibenergie

Rollwiderstand:

Nach Schuring 1977 wird der Rollwiderstand wie folgt definiert (Abb. 12.31):

– Rollwiderstand ist die Umwandlung von mechanischer Energie in Wärme durch den sich drehenden Reifen je Längeneinheit, Gl. (12.4).

$$[F_R] = \frac{J}{m} = N \tag{12.4}$$

F_R ist ein Skalar, kein Vektor!

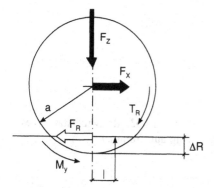

Abb. 12.31. Rollwiderstand

Die Dimension des Rollwiderstandes F_R ist Joule pro Meter. Es wäre daher richtig, von Rollverlust zu sprechen. Gl. (12.5) enthält die Verlustenergie Q und die Verlustleistung P_R.

$$F_R = \frac{dQ}{dl}$$

$$F_R = \frac{Q}{V_R} = \frac{P_{IN} - P_{OUT}}{V_R} \tag{12.5}$$

$$P_R = P_{IN} - P_{OUT} = Q$$

Rollwiderstandsmessung im Labor:

Die einfachste und beste Meßmethode ist, wenn der Reifen auf einem Waagebalken montiert wird und die Messung des Rollwiderstandes in der Latschebene erfolgt. Häufig erfolgt jedoch die Messung in der Radnabe (Abb. 12.32).

$$F_R = -\left(1 + \frac{R_T}{R_D}\right)\left(F_X - \frac{T_B}{R_D}\right) \tag{12.6}$$

In der Praxis erfolgt die Bestimmung der Rollwiderstandskraft aus der in der Meßnabe bestehenden Widerstandskraft, oft aber aus der Antriebsleistung. In beiden Fälle muß vorerst der aus dem Reibverlust herrührende Anteil bestimmt werden. Dies geschieht dadurch, daß zuerst ein Meßlauf mit $F_z \cong 0$,

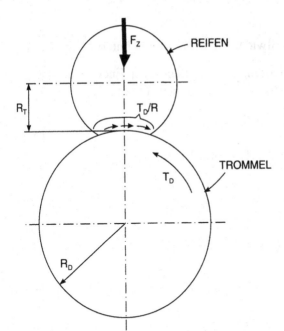

Abb. 12.32. Rollwiderstandsmessung auf Trommel

durchgeführt wird. Demit wird $F_R = 0$. Die dabei gewonnenen Werte für T_B werden nach dem Meßlauf, bei dem F_x bzw. T_D aus Gl. (12.6) ermittelt werden, zur Berechnung der Rollwiderstandskraft verwendet.

Die Meßmethode beeinflußt ganz wesentlich das Ergebnis. Wird z.B. der Luftdruck kalt eingestellt und während der Warmlauf- und Meßphase nicht geregelt, erhält man über der Geschwindigkeit eine nahezu konstante Rollwiderstandskraft F_R. Derselbe Reifen mit konstantem Innendruck gemessen, hat mit steigender Geschwindigkeit steigende Rollwiderstandskräfte. Während im ersten Fall versucht wird, die Verhältnisse der Praxis nachzustellen, wird im zweiten Fall im isobaren und weitgehend isothermen Zustand gemessen. Tatsächlich entspricht aber keine Meßmethode der Praxis. In der Praxis wird der Luftdruck kalt eingestellt, die Temperatur wird jedoch, abgesehen von Meßfahrten, nie einen Gleichgewichtszustand erreichen.

Um auf der Maschine die Verhältnisse der Praxis zu simulieren, wären Kennfelder aufzunehmen, mit flolgenden Variationen:

– Schräglauf zwischen 0° und 1°
– Sturz zwischen 0° und 4°
– Temperatur −20° bis +40°C
– Luftdruck entsprechend den Veränderungen in der Praxis
– Belastung 40 bis 110% der wirtschaftlichen Last

Die große Anzahl der dafür notwendigen Messungen ist an einem einzigen Reifen nicht durchführbar. Infolge der thermischen Beanspruchung und der dadurch gegebenen Veränderungen der physikalischen Eigenschaften, aber

Tabelle 12.5. Reduzierung des Kraftstoffverbrauches beim PKW

Einflußgröße	Reduzierung	Kraftstoffersparnis
Luftwiderstand	10%	≈ 5%
Fahrzeuggewicht	10%	≈ 3%
Rollwiderstand	10%	≈ 1,5%

auch auf Grund des Reifenabriebes würden sich bei Wiederholungsmessungen völlig andere Werte ergeben. Nachdem jedoch auch verschiedene Reifen gleicher Baurart unterschiedliche Rollwiderstände ergeben, müßte jede einzelne Messung mit einer Reihe von Reifen durchgeführt werden, um statistisch arbeiten zu können.

Rollwiderstandsmessung auf der Straße:
Grundsätzlich ist es möglich, mit Hilfe einer Meßnabe die Rollwiderstandskraft auf der Straße direkt zu messen. Im allgemeinen begnügt man sich jedoch mit der Messung der Verbrauchsdifferenz verschiedener Reifenvarianten. In Anbetracht der relativ geringen Unterschiede im Kraftstoffverbrauch bei verschiedenen Reifenvarianten stellt diese Prüfung hohe Anforderungen an die Meßtechnik, wobei vor allem auch äußere Einflüsse wie Wind, Neigung der Meßstrecke etc. berücksichtigt werden müssen.

Tabelle 12.6. Öläquivalenz Reifen, 100.000 km

2 Reifensätze/PKW 50.000 km/Reifen	2 Sätze Neureifen	je 1 Satz Neureifen + runderneuerte Reifen	2 Sätze Neureifen	je 1 Satz Neureifen + runderneuerte Reifen
Durchschnittsverbrauch Öläquivalent	10 l	10 l	3 l	3 l
Neureifen	+40 l	+20 l	+40 l	+20 l
Runderneuerter Reifen	–	+9 l	–	+9 l
Thermische Verwertung	−12 l	−6 l	−12 l	−6 l
Energiebilanz/Reifen	+28 l	+23 l	+28 l	+23 l
4 Reifen/PKW	+112 l	+92 l	+112 l	+92 l
1 Reserverad	+20 l	+20 l	+20 l	+20 l
Treibstoffverbrauch durch Reifen	+1500 l	+1500 l	+450 l	+450 l
Energiebilanz	+1632 l Basis	+1612 l −20 l −1,2%	+582 l Basis	+562 l −20 l −3,7%

Um am Reifen den Rollwiderstand zu verringern, muß man eine möglichst geringe Gummimenge, möglichst geringe Materialdämpfung und eine möglichst geringe Materialverformung konstruktiv einstellen. Der Kraftstoffverbrauch durch Rollwiderstand liegt im Durchschnitt bei 1,5 Liter/100 km. In Tabelle 12.5 ist angegeben, daß beim PKW eine Reduzierung des Rollwiderstandes im 10% eine Reduktion des Kraftstoffverbrauches um 1,5% bewirkt. Tabelle 12.6 ist eine komplette Energiebilanz zu entnehmen und zwar unter Einbeziehung von runderneuerten Reifen.

Validierung

Während die Verifizierung ausgeführt werden muß, um sicher zu stellen, daß das Entwicklungsergebnis der betreffenden Phase die Forderungen aus den Designvorgaben erfüllt, muß die Designvalidierung ausgeführt werden, um sicherzustellen daß das Produkt die festgelegten Erfordernisse des Anwenders erfüllt. Die Validierung des Reifens muß auf der Straße erfolgen.

Konvoitest

Mit Ausnahme von Identitätsüberprüfungen sind kaum aussagekräftige Versuche im Labor möglich, aber selbst mit Straßenversuchen im Konvoi bei zyklischem Fahrer-Fahrzeugtausch ist Reproduzierbarkeit der Ergebnisse sehr schwer zu erreichen. Dies gilt für Abriebsversuche und für die Erprobung der strukturellen Haltbarkeit. Es muß immer eine Basisgarnitur mitgeprüft werden. Abriebsversuche sind nur im normalen Straßenverkehr möglich, nicht einmal die Durchführung der Versuche auf einem Prüfgelände ist zulässig. Folgende Abriebs- und Haltbarkeitsversuche müssen unabhängig voneinander durchgeführt werden:

– Abrieb unter mittleren Einsatzbedingungen
– Abrieb mit Schlechtwetteranteil
– Abrieb für spezielle Fahrzeuge
– Haltbarkeit bei hoher Zyklenanzahl
– Gürtelhaltbarkeit
– Wulsthaltbarkeit
– Abrieb und Haltbarkeit auf der Antriebsachse
– Abrieb und Haltbarkeit auf der nicht angetriebenen Achse
– Haltbarkeit und Abrieb im 2. Reifenleben

Flottentest

Im internen Konvoitest lassen sich die Gebrauchseigenschaften nicht breit genug abprüfen, daher sind externe Flottenteste notwendig. Dazu werden Taxiflotten, Postdienste, Computerservicedienste usw. eingesetzt.

Um einen Reifen auf der Straße prüfen zu lassen, müssen positive Maschinenprüfergebnisse im Hochgeschwindigkeits- und Dauerlauftest nachgewiesen werden. Außerdem müssen auf der Seitenwand des Reifens die gesetzlich vorgeschriebenen Minimalbeschriftungen angebracht sein. Jede Reifengruppe muß in der Maschinenprüfung abgeprüft sein, aber es genügt, wenn von der festigkeitsrelevanten Grundkonstruktion ein positives Prüfergebnis vorliegt bzw. wenn es sich um eine bekannte und bewährte Konstruktion handelt. Es erweist sich als sinnvoll, zumindestens für alle Haltbarkeitsprüfungen eine Neureifen-Holographieprüfung durchzuführen, um die Veränderung des Grundmusters des Hologramms bzw. das Defektwachstum während des Flotteneinsatzes ermitteln zu können. Zusätzlich ist jeder Reifen vor der Montage auf sichtbare Mängel, wie Schiebungen, Fremdkörper, Verformungen, sichtbare Fadenlage, stramme Fäden usw. zu untersuchen.

Es ist sicherzustellen, daß ein während des Flottenversuches eintretendes Wulstwandern kontrolliert werden kann. Nach der Montage sind der Wulstsitz, der Rund- und Planlauf sowie die dynamische Unwucht zu prüfen. Während des Flottenversuches sind Profiltiefenmessungen und Holographieuntersuchungen durchzuführen. Die Shore A Härte ist ebenfalls mitzumessen. Vor Versuchsbeginn und nach Versuchsende ist die Achsgeometrie zu vermessen. Wenn möglich sollte der Streckenanteil bei nasser und trockener Witterung, die mittlere Temperatur über den Versuchszeitraum, Überprüfung des Reifendruckes, Ermittlung der Lebenserwartung und des spezifischen Abriebs und die Überprüfung auf Vorliegen ergebnisrelevanter Versuchsstörungen aufgezeichnet werden.

Kontrollierter Kundeneinsatz

Die abschließende Erprobung, ob die Gebrauchseigenschaften des Reifens tatsächlich gegeben sind, erfolgt im kontrollierten Kundeneinsatz. Um in der Retourenstatistik eine Veränderung gegen den kuranten Reifen feststellen zu können, muß man mindestens an 10.000 und mehr eingesetzte Reifen denken.

Entsprechend der Vorgabe der Versuchsplanung werden Fahrzeuge mit hoher, niedriger oder wechselnder Auslastung als Versuchsträger ausgewählt. Der Luftdruck soll nach Angaben des Fahrzeugherstellers bzw. nach der E.T.R.T.O. Berechnungsgrundlage unter Berücksichtigung der Zuschläge für Sturz und Geschwindigkeit eingestellt werden. Die Versuchsstrecken sind je nach Einsatzland und Verkehrsart entsprechend zu wählen.

Am Ende des Versuches kann die Lebenserwartung, das Abriebsbild, das Verschleißbild und die strukturelle Haltbarkeit ermittelt werden. Die strukturelle Haltbarkeit im Gürtel, in der Karkasse und im Wulst sind bei Konstruktionsveränderungen im Unterbau von entscheidender Bedeutung. Daneben muß aber auch z.B. Sägezahnbildung beachtet werden und die Veränderung der subjektiven Reifeneigenschaften. Bei Erprobung von

Tabelle 12.7. Fehlerhafte Produkte

Sachverständigen – Gutachten/Beweisaufnahme Nr. ../9. Beschluß/Auftrag vom .....199. durch	
Auftraggeber	

Strafsache
  gegen
  wegen
Rechtssache
  Klagende Partei
  Beklagte Partei
  wegen
Beweisaufnahme
  Reifen
  Fahrer
  Fahrzeug	

1. Befund	
Brief, Fax, Telefon .....199. Reifen abholen *LV* (links vorne) *RV* (rechts vorne) *LH* (links hinten) *RH* (rechts hinten)	
1.1 Kontrolle von Rad und Reifen	

1.1.1 Anlieferungszustand
  komplettes Rad
  Reifen
  fehlende Teile
  Verletzungen
  Schlauch	

1.1.2 Zuordnung Reifen und Felge
  Wuchtgewichte
  Verdrehen des Reifens auf der Felge	

1.2 Reifendaten	

1.2.1 Dimensionsbezeichnung und
  Seitenwandgravur
  Dimension
  Muster
  Tube-Type/Tubeless
  Brand Name
  DOT
  Made In
  E	

Tabelle 12.7. (*Fortsetzung*)

Sidewall Tread UTQG Treadwear Traction Temperature Max. Perm. Infl. Press.	
1.2.2 Schlauchbezeichnung Dimension Fabrikat Bezeichnung	
1.2.3 Abnutzungszustand mm, Shore A Härte Reifen *LV*, Außenschulter Scheitel Innenschulter Reifen *RV*, Außenschulter Scheitel Innenschulter Reifen *LH* Außenschulter Scheitel Innenschulter Reifen *RV*, Außenschulter Scheitel Innenschulter	
1.2.4 Luftdichtigkeit Reifen Innendruck atü Ventil Felge	
1.2.5 Röntgenkontrolle Laufstreifenkontrolle Gesamtkontrolle	
1.2.6 Holografiekontrolle Qualitätskontrolle Spezielle Überprüfung	
1.2.7 Sichtkontrolle Befund R1 Befund R2 Befund R3 Befund R4	Die Lage der in der Folge beschriebenen Befunde ist so angeordnet, daß der Reifen in 12, dem Zifferblatt der Uhr entsprechenden Sektoren unterteilt wird, wobei der Reifen von der DOT Seite betrachtet wird und 12 Uhr beim Ventil angeordnet ist.

Tabelle 12.7. (*Fortsetzung*)

1.2.8 Zerlegung
  Befund R1
  Befund R2
  Befund R3
  Befund R4
	Reifen *LV, RV, LH, RH*

1.3 Felgendaten	

1.3.1 Dimension und Felgenkennzeichnung
  Felgentyp
  Markenzeichen
  Dimension
  Bezeichnung
 	
1.3.2 Sichtkontrolle
  Befund F1
  Befund F2	

2. Gutachten/Beweisaufnahme	Ich, ..., wurde bestellt, ein Gutachten, eine Beweisaufnahme darüber zu erstellen, ob/warum
a.) der Reifen zum Zeitpunkt des Unfalls bereits Vorschäden aufwies; b.) der Unfall auf einen Fehler des Produktes zurückzuführen ist; c.) sich vom Reifen die Lauffläche, – der Gürtel, - .... lösen konnte; d.) der Reifen überaltert war; e.) der Reifen nicht mehr verkehrs und betriebssicher war; f.) anstelle der vorgeschriebenen Reifen mit dem Geschwindigkeits-/Lastindex die montierten Reifen mit dem Geschwindigkeits-/Lastindex für den Unfall ursächlich waren; g.) anstelle der vorgeschriebenen Reifendimension die montierte Reifendimension für den Unfall ursächlich war.	

runderneuerten Reifen muß die Qualität der Runderneuerung selbst auch noch beurteilt werden.

Fehlerhafte Produkte:
Der Reifenproduzent muß Verfahrensanweisungen erstellen und aufrecht erhalten, um sicherzustellen, daß ein Reifen, welcher die festgelegten Qualitätsanforderungen nicht erfüllt, von unbeabsichtigter Benutzung oder Montage ausgeschlossen ist. Die Designlenkung muß für Kennzeichnung,

Dokumentation, Beurteilung, Absonderung, Behandlung fehlerhafter Produkte und Benachrichtigung der betroffenen Stellen sorgen.

Der Reifen als Kontinuum betrachtet, weist ein Materialverhalten „With Fading Memory" in Bezug auf die erlittene Beanspruchung auf. Unter Beanspruchung ist nicht nur die mechanische, sondern auch die thermische, oxydative und chemische zu verstehen. Es kommt auch auf die Beanspruchungsgeschichte an. In der Ermittlung der Beanspruchungsgeschichte eines Reifens liegt die enorme Schwierigkeit für den Sachverständigen, welche zur Beurteilung eines vorliegenden defekten Reifens einfach unerläßlich ist. Eine rein geometrische Defektanalyse gibt einen Augenblickszustand wieder, läßt aber fast keinerlei Schluß auf Konstruktionsfehler, Herstellungsfehler oder falschen Gebrauch der Reifen zu. Diese geometrische Analyse stellt eine zwar notwendige, aber keineswegs hinreichende Tatsachenbeschreibung für das Gutachten dar. Als Reifensachverständiger sollte man die in Tabelle 12.7 angegebenen Daten zur Erstellung des Befundes ermitteln, um entsprechend des „Standes der Technik" ein fachlich fundiertes Gutachten abfassen zu können.

13 Non Uniformity von Reifen

Es ist allgemein bekannt, daß Reifen, um einen ruhigen Lauf zu erzielen, gewuchtet werden müssen. Weniger bekannt ist, daß nicht alle vom Reifen herrührende Vibrationen durch Unwucht verursacht sind. Die Rundheit, wie bei jedem technischen Produkt, ist gewissen Toleranzen unterworfen, und zwar sowohl bezüglich der Geometrie als auch bezüglich der Steifigkeit. Aus diesem Grund ist die Kraft, die ein Reifen überträgt, der mit konstantem Achsenabstand über eine Oberfläche gerollt wird, nicht konstant. Nachdem der Begriff Unwucht als bekannt vorausgesetzt werden kann, wird nachfolgend auf andere Reifenunregelmäßigkeiten eingegangen, die für einen vibrations- und störungsfrei ablaufenden Reifen von Bedeutung sind, der sogenannten Non Uniformity.

Der Radialschlag RS ist die Differenz zwischen dem größten und kleinsten Reifenradius, senkrecht auf die Achse gemessen. Der Seitenschlag SS ist der Unterschied zwischen dem größten und kleinsten Ausschlag der Seitenwand in Achsrichtung gemessen.

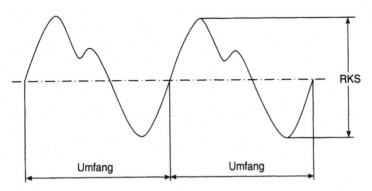

Abb. 13.1. Radialkraftschwankung RKS

Die Radialkraftschwankung RKS ist die Differenz zwischen dem Maximal- und Minimalwert der Radialkraft über den Reifenumfang (Abb. 13.1). Die Messung erfolgt, ebenso wie bei der Seitenkraftschwankung, bei konstantem

Rollradius, entsprechend der Radlast, bei Sturz und Schräglauf 0°. Jeder Reifen hat, auch bei geradem Lauf, eine Seitenkraft SK, die mit der Laufrichtung, Vorzeichen und auch Größe wechselt. Die Seitenkraftschwankung ist die Differenz zwischen dem Maximal- und dem Minimalwert über den Reifenumfang. Die Werte für die SKS sind für den Links- und den Rechtslauf unterschiedlich (Abb. 13.2).

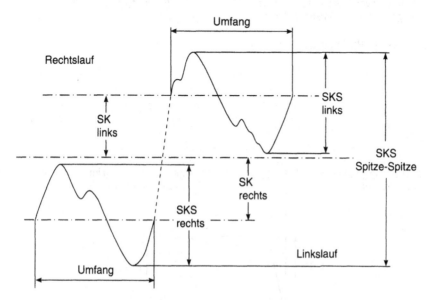

Abb. 13.2. Seitenkraftschwankung SKS

Die Maxima von RKS und SKS sind nur in ca. 60 bis 70% aller Fälle an derselben Stelle wie die Maxima von RS und SS. Das Vorhandensein von RKS und SKS bedeuted, daß die Kennlinie für radiale und axiale Steifigkeit an verschiedenen Umfangsstellen unterschiedlich sind.

All diese „Reifenmängel" werden vom Reifenhersteller gemessen und limitiert. Der Radial- und Seitenschlag wird im allgemeinen, unterschiedlich nach Hersteller, mit 1 bis 1,2 mm begrenzt, für die Radialkraftschwankung 80 bis 100 N, in Einzelfällen auch bis 120 N, für die Seitenkraftschwankung werden 40 bis 80 N zugelassen. Zu große Radial- oder Seitenkraftschwankung eines Reifens wirken sich ähnlich wie eine unzulässige Unwucht in Form von Vibrationen des Fahrzeuges aus.

Um die Auswirkungen der Seitenkraft am Fahrzeug zu studieren, werden in der Literatur die Begriffe „Plysteer" (Winkeleffekt) und „Conicity" (Konuseffekt) verwendet (Abb. 13.3). Bei einem 2-Lagen Radialreifen ist es nicht möglich, Plysteer auf 0 zu legen. Der Absolutwert kann nur durch den

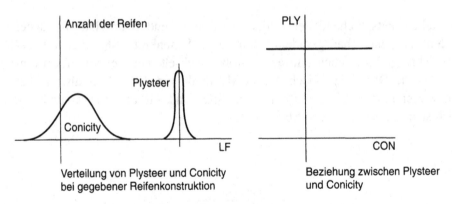

Abb. 13.3. Plysteer PLY und Conicity CON

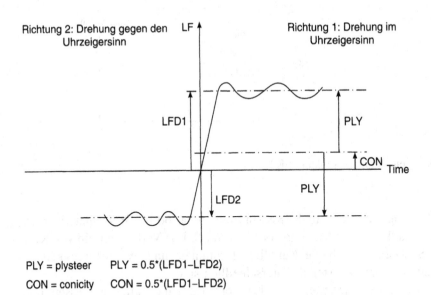

Abb. 13.4. Messung von Seitenkraft LF

Gürtelwinkel beeinflußt werden. Conicity ist eine Funktion von verschiedenen Produktionsungleichförmigkeiten. Conicity ist weiter verteilt als Plysteer. Zwischen Plysteer und Conicity gibt es keine Korrelation. Die Berechnungen von Plysteer und Conicity sind Abb. 13.4 und Abb. 13.5 zu entnehmen.

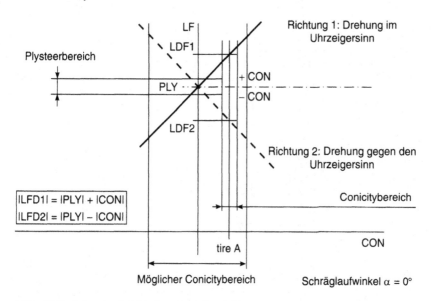

Abb. 13.5. Seitenkraft LF über Conicity CON

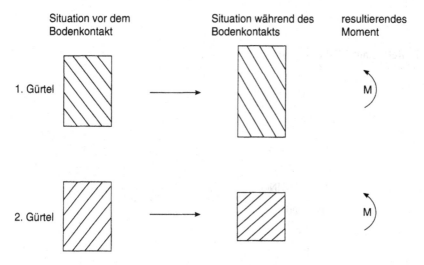

Abb. 13.6. Gürtelverformung in der Aufstandsfläche

Die Gürteldeformationen beim Abplatten sind in Abb. 13.6 aufgezeichnet. Die Situation auf der Meßmaschine ist in Abb. 13.7 dargestellt. Durch Variation des Schräglaufwinkels α wird die Situation bei Schräglaufwinkel $\alpha = 0$ verdeutlicht (Abb. 13.8).

Am Fahrzeug ist aber die Situation bei Seitenkraft LF= 0 vorzufinden (Abb. 13.9).

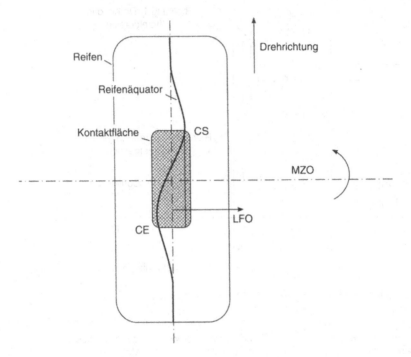

Abb. 13.7. Reifen auf Meßmaschine

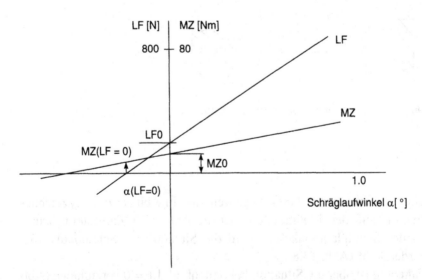

Abb. 13.8. Messung von Seitenkraft LF und Rückstellmoment MZ

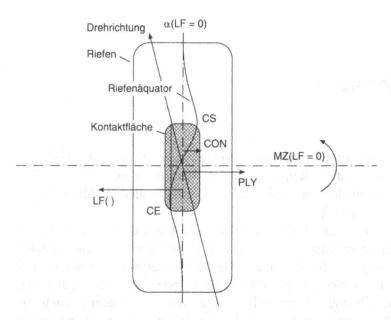

Abb. 13.9. Reifen am Fahrzeug bei LF= 0

14 Recycling

Die Zweit- oder Drittnutzung von Altreifen kann in der unveränderten Verwendung, der Aufarbeitung und in der Runderneuerung bestehen. Die unveränderte Verwendung in Uferbefestigungen, als Fender, als Abdeckungen usw. ist praktisch erschöpft.

Ein Reifen besteht aus mindestens 10 verschiedenen Bauteilen, welche zu Verbundkörpern zusammengesetzt sind, z.B. Gürtel, Kern ⇒ Stahl, Gummi; Karkasse, Bandage ⇒ Textil, Gummi. Darüber hinaus besteht jedes Bauteil aus ca. 10–15 verschiedenen Chemikalien, wie Polymere, Füllstoffe, Weichmacher, Alterungsschutzmittel, Vernetzer etc., die zudem je nach der spezifischen Anforderung an das Bauteil in Art, Menge und Zusammensetzung variieren können. Um zu einer sortenreinen Trennung als Voraussetzung für ein originäres Gummirecycling zu gelangen, müßte der Reifen oder andere komplexe Gummiprodukte deshalb in ihre Einzelbauteile zerlegt werden. In Analogie zu den Kunststoffen sollten diese einzelnen Bauteile dann nach einem Reinigungsvorgang wieder in den Produktionsprozeß einfließen, wobei eine erneute Formgebung notwendig wäre. Dies ist bei Gummiprodukten aber unmöglich, da die Formgebung im Gegensatz zu Kunststoffen einen irreversiblen Prozeß darstellt. Verursacht wird diese Irreversibilität durch eine Fixierung der Makromoleküle durch ein Vernetzungsreagenz, überwiegend Schwefel, für dynamisch beanspruchte Bauteile, in einem als Vulkanisation bezeichneten Arbeitsschritt. Nur durch diese Fixierung ist es möglich, die elastischen Eigenschaften in einem weiten Temperaturbereich zu gewährleisten, die Gummi für viele Anwendungen als Werkstoff unentbehrlich machen. Bedingt durch die Irreversibilität des Vulkanisationsprozesses führt die Zufuhr von Wärme bei Gummi nicht wie bei Kunststoff zu einer plastischen Masse, die erneut verformt werden kann, sondern zu einer Zersetzung, Depolymerisation des Makromoleküls unter Verlust der Werkstoffeigenschaften.

In Stahlmatten, Bahnübergängen, Sportböden und Straßenbelägen kann heute Altgummi aufgearbeitet werden. Die intelligenteste Lösung des Reifenrecyclings ist derzeit die Runderneuerung. Während zweimalige Runderneuerung beim LKW Reifen den Stand der Technik darstellt, spielt beim PKW Reifen die Runderneuerung eine weniger wichtige Rolle. Eine Garantie der PKW Reifen-Runderneuerung ist aber nicht möglich, denn neben der technischen Sicherstellung in Reifenmischung und in der Konstruktion bei ordnungsgemäßem Einsatz gibt es die mechanischen Verletzungen und auch die mißbräuchliche Verwendung von solchen Reifen. Um bei runderneuerten Reifen den Qualitätsstandard von Neureifen zu erreichen, wäre holographische Kontrolle notwendig. Der Qualitätsstandard von Neureifen müßte sich auf das Laufstreifenmaterial, auf die Gummierungsdicke, auf das Reifenmuster und auf den fabrikatsgleichen Unterbau beziehen. Die Runderneuerung deckt in Österreich derzeit mehr als 20% des Gesamtreifenbedarfs ab. Pro Jahr werden ca. 160.000 Stück LKW- und LLKW Reifen sowie 460.000 Stück PKW Reifen runderneuert.

Als Möglichkeiten zur Wiederverwertung von Altgummi stehen uns das Vermahlen zu Gummimehl, das Regenerieren und die Pyrolyse zur Verfügung, Tabelle 14.1. Die Reifenzerkleinerung führt über Gummigranulat zu Gummimehl mit einer Teilchengröße von ca. 0.2–0.3 mm. Verwandt mit dem Gummimehl ist das Gummiregenerat, bei dessen Herstellung das Gummimehl nach dem Zerkleinern noch einen chemischen Prozeß durchläuft, der zu einer Depolymerisation der Makromoleküle und zu einem Abbau der Vulkanisationsstruktur, der verbrückenden Schwefelketten, führt. Beide Prozesse sind schon über 50 Jahre bekannt. Allerdings geht der Einsatz von Gummimehl und Regenerat als Zusatz in hochwertigen Gummimischungen zurück. Die Ursache für diese Entwicklung ist, daß Gummimehl und Regenerat die mechanischen und dynamischen Eigenschaften von hochbeanspruchten Gummiprodukten schon in niedriger Dosierung stark beeinträchtigen und daher beispielsweise für den Einsatz in Neureifenmischungen fast nicht zu verwenden sind. Dies kann aus technischer Sicht auch nicht anders sein, denn Gummimehl ist nicht vollständig mit der neuen Gummimatrix covulkanisierbar, verbleibt somit weitgehend als Fremdkörper in der Mischung und kann als inaktiver Füllstoff angesehen werden. Aufgrund der noch beträchtlichen Größe dieser Teilchen führt die schlechte Anbindung zu Sollbruchstellen im Vulkanisat und damit zu einer nicht zu akzeptierenden Beeinträchtigung der Werkstoffeigenschaften. Abhilfe würde schaffen, Gummimehl mit sehr viel geringerer Teilchengröße herzustellen. Da die Zerkleinerung des elastischen Materials Gummi einen hohen Energieaufwand erfordert, der nahezu exponentiell mit der Verringerung der Teilchengröße wächst, ist dieser Ansatz sowohl aus ökonomischer wie auch ökologischer Sicht, wegen des Verbrauchs von Primärenergie, nicht realisierbar. Dies wird eventuell entschärft durch das kryogene Mahlen.

Diese Situation hat dazu geführt, daß Gummimehl und Regenerat fast ausschließlich für wenig beanspruchte Gummiartikel wie Blumenkübel, Gartenmöbel, Stallböden etc. Verwendung finden, einem Produktsegment mit sehr begrenzter Wachstumsfähigkeit, dessen Aufnahmekapazität für Altgummi daher nahezu erschöpft ist.

In den letzten Jahren ist es auf dem Gebiet des Gummimehl zu einer wichtigen technischen Neuentwicklung gekommen. Dabei handelt es sich um

Tabelle 14.1. Stoffliche Wiederverwertung

Verfahren	Prozeß	Produkt	Status	Potential
Chemische Behandlung	Behandlung von Gummimehl in Chemikalienbädern	Regenerat	Produktion (Deutschland) ca. 9000 t/Jahr	– Produkte nur begrenzt für Wiedereinsatz in hochbeanspruchten Artikeln geeignet
Thermische Depolymerisation	Reifen im heißen Öl depolymerisiert	Gas, Benzin im Öl: Ruß	im Entwicklungs-stadium	– Prozeß ökologisch bedenklich (Öl kann nicht zu wiederverwend-barem Ruß weiterverarbeitet werden)
Mikrowelle	Depolymerisation des Reifens im Mikrowellenreaktor	Kohle, Öle	im Entwicklungs-stadium	– Konzept gut – Produktqualität und Anwendbarkeit für größere Mengen zu prüfen
Hydrierung	unter Wasserstoffdruck (200 atm) und Temperatur (200–300°C) Hydrierung des Gummis	Gas, Öle Kohle	im Entwicklungs-stadium	– Anwendbarkeit für heterogenen Gummi fraglich
Pyrolyse	bei Sauerstoffunterschuß Verkohlung des Reifens (350–500°C)	Öle, Kohle, Gas	im Entwicklungs-stadium	– Anwendbark. für größere Mengen fraglich – Produktqualität noch unbefriedigend – Umweltprobl. (der Rückstände) möglich
Mikro-organismen	Abbau durch Mikro-organismen	Produkt-gemisch	nur Forschungs-aktivitäten bekannt	– kein spezieller Organismus bekannt – Bodenbakterien und -pilze sind nur schwach wirksam – Mengenproblem – mögliche Toxidität der Organismen oder ihrer Ausscheidungen

oberflächenmodifiziertes Gummimehl, bei dem die konventionell hergestellten Altgummiteilchen mit einer mit Gummi covulkanisierbaren Latexschicht umhüllt werden. Dies führt zu einer deutlich verbesserten Anbindung an die Gummimatrix während der Vulkanisation im Vergleich zu nicht oberflächen-modifiziertem Gummimehl.

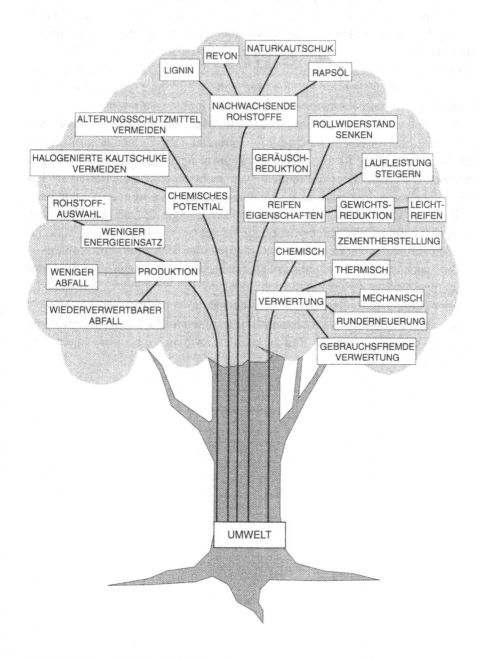

Abb. 14.1. Umweltschonende Reifen

Inwieweit durch die Pyrolysetechnik stofflich wiederverwendbare Materialien aus Altreifen gewonnen werden können, kann noch nicht abgeschätzt werden. Kurz- und mittelfristig ist mit diesem Verfahren zur chemischen Umwandlung keine technische bzw. wirtschaftliche Problemlösung zu erwarten.

Früher oder später erreicht auch ein runderneuerter Reifen das Ende seines Reifenlebens. Die Entsorgung durch Deponieren wird irgendwann einmal nicht mehr gehen. Es ist bekannt, daß die Automobilindustrie große Anstrengungen unternimmt, das Recycling des gesamten Autos zu bewerkstelligen. Daher ist anzunehmen, daß in Zukunft jedes gebrauchte Fahrzeug durch die Händlerorganisation zurückgenommen und recycelt wird, und entsprechend die Reifenindustrie ihre Karkassen zurücknehmen und recyceln muß.

Altreifen werden derzeit im Straßenbau oder bei der Zementherstellung verwendet oder in Hochtemperaturöfen verbrannt. Die Zementherstellung ist für Reifenrecycling ideal, allerdings können nicht ausreichende Mengen verarbeitet werden. Die Verbrennung von nicht recyclebaren Reifen in den Reifenfabriken selbst wäre eine, wohl mit hohen Investitionen verbundene, realistische Möglichkeit. Die so gewonnene Energie könnte wiederum zur Reifenherstellung oder Runderneuerung verwendet werden. Beim Einsatz im Straßenbau ist das Zerkleinern der Reifen und der Stahlanteil ein Problem.

Das mechanisch oder chemisch hergestellte Regenerat kann im Reifen nur sehr eingeschränkt verwendet werden, sodaß der Hochtemperaturofen wohl die Zukunftslösung darstellen wird. Die Rücknahme der Karkassen kostet Geld und stellt ein logistisches Problem dar. Hier sollten lokale Lösungen bevorzugt werden. Umweltschonende Reifen könnten, wie in Abb. 14.1 angegeben, aussehen.

15 Ausblick

Erhöhung der Laufleistung bei gleichmäßigem Abrieb, Verringerung des Treibstoffverbrauchs, Komfortverbesserung und Reduzierung des Fahrzeuginnengeräusches werden für Reifenkunden von Interesse sein. Unter der Prämisse von Geschwindigkeitsbeschränkung, Vorbeifahrgeräuschrestriktionen und der Tatsache, daß Recycling Geld kosten wird, lassen sich alle diese Eigenschaften mit Verbesserung des Kosten/Nutzen Verhältnisses zusammenfassen (Abb. 15.1). Dabei werden die rationalen Bedürfnisse des Fahrers

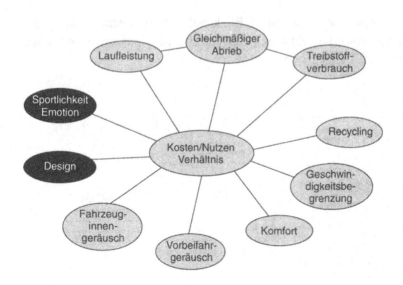

Abb. 15.1. Kundenwünsche

befriedigt, nicht aber dessen emotionale. Deswegen glaube ich, daß reaktive Sicherheit mit Komfort und attraktive Optik des Reifens eine gesteigerte Bedeutung erhalten werden. Nur wenn dies geschieht, wird dem hoffnungslos rationalisierten System Straße-Reifen-Fahrzeug ein Fahrer gegenübergestellt, der auch ein zufriedener Kunde ist (Abb. 15.2).

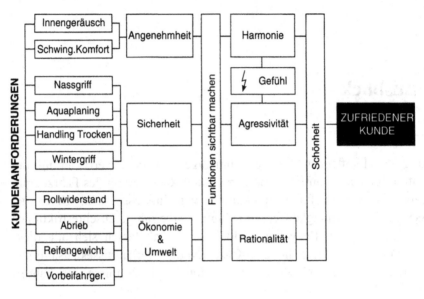

Abb. 15.2. Kundenanforderungen

In Abb. 15.3 wird versucht, einen Blick auf die Reifenentwicklung der letzten fünf Jahre zu werfen. Zusammenfassend sind die Konsequenzen für den Kunden in Abb. 15.4 angegeben:

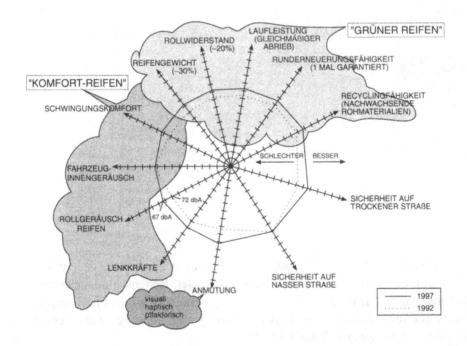

Abb. 15.3. Pflichtenheft von S, T Reifen

– Niederquerschnittreifen und optisch ansprechende Reifen werden weiterhin einen gesteigerten Einfluß auf die Reifenpalette haben.

– Bei Einführung einer allgemeinen Geschwindigkeitsbegrenzung und beim Fallenlassen der fahrzeugbedingten Höchstgeschwindigkeit in Deutschland wird der Einfluß von Hochgeschwindigkeitsreifen abnehmen. (Das wird wahrscheinlich so bald nicht geschehen und daher wird vielleicht mittelfristig die Anzahl dieser Reifen wieder zunehmen.)

– Die Wertigkeit von Schwingungskomfort und Reifengeräusch bei der Reifenentwicklung wird enorm zunehmen, umso mehr, als auch die Fahrzeugindustrie die Kundenwünsche so interpretiert und das Reifengeräusch selbst am Fahrzeug durch geräuschdämmende Maßnahmen dominant wird. Das Rollgeräusch der Reifen in der Vorbeifahrt wird zum kritischen Entwicklungsparameter.

– Naßgriff und Aquaplaning werden wohl am heutigen hohen Niveau bleiben, eine Reduktion in den Eigenschaften ist aus Sicherheitsgründen nicht möglich. Fahrverhalten trocken, besonders Geradeauslauf bei hoher Geschwindigkeit, verlieren bei allgemeiner Geschwindigkeitsbeschränkung an Bedeutung, hier könnte sogar ein Nachlassen in den Eigenschaften stattfinden.

– Das Energiesparen durch den Reifen und das Reifenrecycling werden in Zukunft immer mehr die Reifenentwicklung beeinflussen.

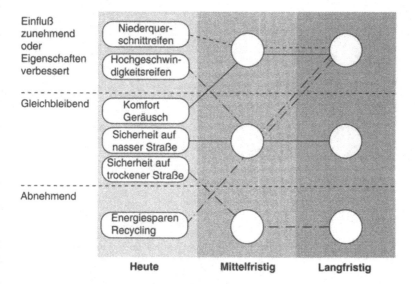

Abb. 15.4. Konsequenzen für die Reifenentwicklung

Der Hochgeschwindigkeitsreifen war lange Zeit das Liebkind jedes Reifen-
entwicklers. Hier wird ein Umdenken stattfinden müssen und der Umwelt-
freundlichkeit des Reifens durch systemisches Denken besonderes Gewicht
zukommen. Für alle mit dem Reifen beschäftigten Menschen stellt dies eine
besondere Anforderung an deren Fähigkeit dar, vernetzte Systeme zu
begreifen. Trotzdem ist Optimismus angebracht, daß dies gelingen kann.

Literatur

Akasaka, T.: Structural Mechanics of Radial Tires, Rubber Chem. Tech., Vol. 54, Chou University Tokyo, 1981, S. 461–462

Böhm, F.: Mechanik des Gürtelreifens, Ing. Arch., 35. Band, 2. Heft, Springer, Berlin Heidelberg New York, 1966, S. 82–101

Böhm, F.: Gleichgewichtsfigur, Automobiltechnische Zeitschrift, 1967

Borgmann, W.: Theoretische und experimentelle Untersuchungen an Laufstreifen bei Schräglauf, TH Braunschweig, Dissertation, 1963

Flügge, S.: The Non-Linear Field Theories of Mechanics, Vol. III/3, Springer, Berlin Heidelberg New York, 1965

Frank, F.: Theorie des Reifenschräglaufes, TH Darmstadt, Dissertation, 1965

Hinton, B.J.: Investigation of Tread Band and Deformation under Point Lateral Load, Advanced School of Engineering Chranfield, Diploma Thesis No. 61/2, 1961

Hofferberth, W.: Diagonalreifen, Kautschuk und Gummi, Vol. 69, 1956, S 225

Huinink, H.: Der Reifen als Bauelement, Umdruck zur Vorlesung, TU Hannover, 1993

Jackson, P./Ashton, D.: ISO 9000, Moderne Industrie, 1993

Lenz, H. P./Pucher E./Kohoutek P.: Wiener Lastenheft für den Individualverkehr in Ballungsräumen, Institut für Verbrennungskraftmaschinen und Kraftfahrzeugbau, Wien, 1992

Martin, F.: Theoretische Untersuchung zu Frage des Spannungszustandes im Luftreifen bei Abplattung, Jahrbuch der Deutschen Luftfahrtforschung, 1939, S. 490

Massoubre, J.: The Radial Tire, A Peaceful Revolution, Rubber Chem. Techn., Vol. 62, 1989, S. 83–92

Rodrigues, D.A.: Tyre, J. Appl. Mech., Sept. 1953, S. 461

Rotta, J.: Luftreifen, Ing. Arch. 17, 1949, S. 129

Schuring, D.: Scale Models in Engineering, Pergamon Press, Oxford, 1977

Tompkins, E.: The History of the Pneumatic Tyre, Rapra, Progress in Rubber and Plastics Technology, Vol. 6, No. 3, 1990, S. 203–219

Truesdell, C.: Mechanics of Solids II, Edited by S. Flügge, Vol.VIa/2, Springer, Berlin Heidelberg New York, 1972

Volterra, E.: Tyre, J. Appl. Mech., June 1953, S. 227

Weber, R.: Kraftfahrzeugreifen I und II, Umdruck zur Vorlesung, TU Hannover, 1990

Weber, R.: Kraftfahrzeugreifen, Bildteil zur Vorlesung, TU Wien, 1990

Wolfersdorf, L. v.: Inverse und schlecht gestellte Probleme, Akademie Verlag, Berlin, 1994

Sachverzeichnis

SpringerTechnik

J. Affenzeller, H. Gläser

Lagerung und Schmierung
von Verbrennungsmotoren

1996. 423 z.T. farb. Abbildungen. XIII, 397 Seiten.
Gebunden DM 248,–, öS 1736,–
ISBN 3-211-82577-0
Die Verbrennungskraftmaschine. Neue Folge, Band 8

Für die Betriebssicherheit und Lebensdauer von Verbrennungsmotoren sind ihre Lagerungen von entscheidender
Bedeutung. In den letzten Jahrzehnten wurden hier wesentliche Fortschritte in der Werkstoff- und Schmierstoffentwick-
lung, der Lagergestaltung und der Berechnung verzeichnet.
Die heute in der Großserie erreichbare Fertigungsgenauig-
keit und Effektivität hat beachtliche Leistungssteigerungen
und Kraftstoffeinsparungen mit sich gebracht, die nur dank
der parallelen Entwicklung auf dem Gebiet der Lager- und
Schmierstofftechnik möglich waren.
In diesem Buch werden, ausgehend von den Aufgaben der
Lagerung und den tribologischen Grundlagen, moderne
Schmiersysteme von Verbrennungsmotoren behandelt, neue
Konstruktions- und Berechnungsmethoden dargestellt und
eine optimale Auslegung der Lagerung vorbereitet. Auf neu-
zeitliche Lagerwerkstoffe und Lagerherstellung wird ebenso
eingegangen wie auf Schäden und Prüfeinrichtungen von Ver-
brennungsmotoren-Gleitlagern. Die an den weiteren Reib-
stellen auftretenden Probleme werden ebenfalls erläutert.

 SpringerWienNewYork

Sachsenplatz 4-6, P.O.Box 89, A-1201 Wien, Fax +43-1-330 24 26,
e-mail: order@springer.at, Internet: http://www.springer.at
New York, NY 10010, 175 Fifth Avenue • Heidelberger Platz 3, D-14197 Berlin
Tokyo 113, 3-13, Hongo 3-chome, Bunkyo-ku

SpringerTechnik

F. Schäfer, R. van Basshuysen

Schadstoffreduzierung und Kraftstoffverbrauch von Pkw-Verbrennungsmotoren

1993. 275 Abbildungen. XI, 214 Seiten.
Gebunden DM 108,–, öS 756,–
ISBN 3-211-82485-5
Die Verbrennungskraftmaschine. Neue Folge, Band 7

Das Buch behandelt die Entstehung von Schadstoffemissionen und die Möglichkeiten zu deren Verringerung sowie den Kraftstoffverbrauch bei Otto- und Dieselmotoren einschließlich Dieselmotoren mit Direkteinspritzung.
Neben den motorischen Aspekten der Schadstoffbildung und Schadstoffminderung werden Systeme und Verfahren zur Abgasnachbehandlung dargestellt. Die wichtigsten Einflüsse der Kraft- und Schmierstoffe (sowohl konventionelle als auch alternative Kraftstoffe) auf das Schadstoffverhalten werden beschrieben. Neben konventionellen Otto- und Dieselmotoren werden auch Magermotoren und Ottomotoren mit Direkteinspritzung sowie Zweitakt-Otto- und Dieselmotoren behandelt. Auch das Potential der Möglichkeiten im Hinblick auf Verbrauchsabsenkung und Minimierung der Schadstoffemissionen wird dargestellt, ebenso die damit verbundene Verringerung der CO_2-Emission. Am Ende des Buches sind die wichtigsten Gesetze und Verordnungen über Emissions- und Verbrauchsgrenzwerte in einer ausführlichen Übersicht zusammengestellt.

 SpringerWienNewYork

Sachsenplatz 4-6, P.O.Box 89, A-1201 Wien, Fax +43-1-330 24 26,
e-mail: order@springer.at, Internet: http://www.springer.at
New York, NY 10010, 175 Fifth Avenue • Heidelberger Platz 3, D-14197 Berlin
Tokyo 113, 3-13, Hongo 3-chome, Bunkyo-ku

SpringerTechnik

H. P. Lenz

Unter Mitwirkung von M. Akhlaghi, W. Böhme,
H. Duelli, G. Fraidl, H. Friedl, B. Geringer,
G. Pachta, E. Pucher und G. Smetana

Gemischbildung bei Ottomotoren

1990. 352 Abbildungen, 12 Tabellen. XVIII, 400 Seiten.
Gebunden DM 216,–, öS 15250,–
ISBN 3-211-82193-7
Die Verbrennungskraftmaschine. Neue Folge, Band 6

Den Schwerpunkt des Buches stellt die Gemischbildung für
Ottomotoren dar, sowohl bezüglich der Grundlagen als auch
hinsichtlich der Ausführung der Gemischbildner, d.h. der
Einspritzsysteme und der Vergaser sowie der zugehörigen
Saugrohre. Ebenso wird auf die dazugehörige Meßtechnik
eingegangen.

Die Grundlagen der Verbrennung werden in dem Umfang
erläutert, als sie zum Verständnis der Auswirkung der
Gemischbildung erforderlich sind.

Das Buch gibt sowohl dem in Forschung und Praxis tätigen
Ingenieur als auch Studierenden und sonstigen Fachleuten,
die sich auf diesem Gebiet vertiefen wollen, einen Überblick
über den Stand des Wissens und der Technik. Auch nach
mehr als 100jähriger Entwicklung im Motorenbau wird
gerade auf diesem Gebiet heute weltweit intensive Forschung
betrieben; große Fortschritte sind zu verzeichnen. 400 Litera-
turquellen aus aller Welt wurden berücksichtigt.

 SpringerWienNewYork

Sachsenplatz 4-6, P.O.Box 89, A-1201 Wien, Fax +43-1-330 24 26,
e-mail: order@springer.at, Internet: http://www.springer.at
New York, NY 10010, 175 Fifth Avenue • Heidelberger Platz 3, D-14197 Berlin
Tokyo 113, 3-13, Hongo 3-chome, Bunkyo-ku

Springer-Verlag
und Umwelt

ALS INTERNATIONALER WISSENSCHAFTLICHER VERLAG
sind wir uns unserer besonderen Verpflichtung der
Umwelt gegenüber bewußt und beziehen umwelt-
orientierte Grundsätze in Unternehmensentschei-
dungen mit ein.

VON UNSEREN GESCHÄFTSPARTNERN (DRUCKEREIEN,
Papierfabriken, Verpackungsherstellern usw.) ver-
langen wir, daß sie sowohl beim Herstellungsprozeß
selbst als auch beim Einsatz der zur Verwendung
kommenden Materialien ökologische Gesichtspunk-
te berücksichtigen.

DAS FÜR DIESES BUCH VERWENDETE PAPIER IST AUS
chlorfrei hergestelltem Zellstoff gefertigt und im
pH-Wert neutral.